KB123270

수학이
생명의
언어라면

김재경
지음

수학이
생명의
언어라면

수면부터 생체 리듬,
팬데믹, 신약 개발까지,
생명을 해독하는
수리생물학의 세계

동아시아

추천의 글

자연은 복잡하지만, 그것을 기술하는 수식은 더없이 명료하다. 수학은 어렵지만, 그것을 연구해 온 수학자들의 노력은 한없이 흥미롭다. 이 책은 수학이 생명 현상을 설명하는 데 있어서 얼마나 유용한 언어인지를 보여주는 수리생물학 입문서다. 마치 학창 시절 수학 선생님처럼, 책은 독자에게 수식 하나하나의 의미를 짚어주고, 일상의 사례를 들어주고, 해답의 의미를 친절하게 설명해 준다. 학창 시절의 골칫거리였던 미적분으로부터 출발해 미분방정식을 향해 단숨에 달려가더니, 그것이 자동차의 운동만이 아니라 우리 생체 리듬을 이해하는 데 매우 유익한 도구임을 생생하게 보여준다. 우리의 하루 생체 리듬이 어떻게 형성되고, 수면과 각성이 어떻게 조절되는지, 유전자 수준에서 생체 신호와 일주기 행동까지 체계적으로 설명한다.

이 책의 가장 큰 매력은 수리생물학의 다양한 응용 사례를 저자인 김재경 교수의 최신 연구 성과로 설명한다는 데 있다. 우리 시대 가장 촉망받는 수학자 김재경 교수는 자신이 연구해 온 수면 패턴과 일주기 리듬의 수학적 모델을 수리생물학의 예로 설명하면서 이를 탐구해 온 자신의 일상도 솔직하게 보여준다. 덕분에 우리는 생명 현상을 탐구하는 수학자의 삶을 엿보고, 그가 물리학자, 의사, 대학원생들과 어떻게 협업하고 있는지 독자들이 머릿속으로 상상할 수 있게 해준다. 이 책을 읽은 어린 독자들이 수학자의 삶에 매료되어 '어린 김재경 후학'의 꿈을 꾸어주길 진심으로 고대한다. 아울러, 수학은 숫자를 다루는 학문이 아니라, 그 너머 '자연과 생명을 번역하는 아름다운 언어'라는 사실을 부디 독자들이 마지막 책장을 넘기기 전에 발견하길 희망해 본다.

—**정재승**, KAIST 뇌인지과학과·융합인재학부 교수

이 책은 수학이 단순히 학문적 이론에 그치지 않고 생명과학의 복잡한 문제를 해결하는 필수적인 도구로서 어떻게 작용하는지를 명확히 보여준다. 저자는 미적분학이 신약 개발, 생체 리듬 분석, 전염병 예측 등 다양한 분야에서 실제로 어떻게 활용되는지를 구체적인 사례를 통해 설득력 있게 설명한다. 국내에서 아직 낯선 '수리생물학'이라는 분야를 다루며, 독자들이 수학의 진정한 힘과 가치를 재발견하여 자연스럽게 수학을 좋아하는, 진정한 '수호자數好者'가 되도록 돕는다. 수학이 우리의 삶과 밀접하게 연결된 도구임을 깨닫게 하며, 새로운 통찰을 제공한다. 이 책은 수학이 우리의 미래를 예측하고, 생명을 구하는 데 어떻게 기여하는지를 알게 해주는 귀중한 안내서다.

—**권오남**, 서울대학교 수학교육과 교수

2017년 7월, 대한수면연구학회 학술대회에서 학술이사로서 강의실을 돌며 프로그램이 원활하게 진행되는지 살펴보았다. 그때 한 젊은 수학자가 '일주기 리듬의 수학적 모델링과 컴퓨터 분석'이라는 주제로 강연하는 모습을 보게 되었다. 일주기 리듬은 나의 전공 가운데 하나인데, 이를 수학적으로 설명하는 접근 방식이 참 신선하고 놀라웠다. 대학 입시 이후로 수학과는 거리가 멀었던 임상의사로서 그 접근은 다소 낯설었지만 매우 흥미로웠다. 특히, 그 수학자는 생체 리듬과 수면 생리에 대해 놀라울 정도로 박식하고 명확하게 설명했다.

당시 우리 수면의학 연구 팀은 교대 근무자의 수면 시간과 근무 중 졸림 정도의 관련성을 찾지 못해 어려움을 겪고 있었고, 이러한 문제를 해결하기 위해 수학적 모델링이라는 새로운 접근을 시도할 수 있지 않을까 하는 희망으로 김재경 교수에게 협력 연구를 제안했다. 결과적으로 이는 최근 10년간 내린 가장 잘한 결정들 중 하나였다. 연구 1년 만에 「교대 근무자의 수면 품질을 분석하는 수학적 모델링」이라는 첫 성과를 발표했고, 이후로도 꾸준히 공동 연구를 진행하며 「개인 맞춤형 수면-각성 패턴」, 「기계학습 기반의 간단한 설문지를 이용한 수면 장애 위험 예측 앱」, 「수리 모델을 이용한 멜라토닌 분비 시각 예측 및 효율적인 측정 프로토콜」 등 교대 근무자와 불면 환자들의 수면 문제를 실질적으로 해결할 수 있는 중요한 연구 성과물을 얻고 있다.

『수학이 생명의 언어라면』은 김재경 교수의 지난 10여 년간의 수리생물학을 향한 애정, 열정, 그리고 도전 정신을 담고 있다. 특히, 수리생물학을 의생명학에 접목해 발전시킨 독보적인 성과를 장별로, 연도별로 일목요연하게 보여준다. 이 책이 의생명학이나 수학에 관심 있는 학생들에게 새롭고 멋진 진로를 제시하는 훌륭한 길잡이가 되리라고 확신한다.

—**주은연**, 삼성서울병원 신경과 수면클리닉 교수

들어가며

학창 시절, 어려운 수학 공부에 매달리면서 누구나 한 번쯤
은 이런 의문을 가져보았을 것입니다. "수학을 왜 공부하는
거지?", "수학은 어디에 필요한 거지?" 이 의문은 수학 교사
들에게도 골칫거리로 여겨지지요. 수학자로 일하고 있는 저
조차도 학창 시절에는 수학이 왜 필요한지 선생님들에게 물
어보기 일쑤였는데, 그럴 때마다 "좋은 대학교에 가려면 필
요하다"라는 현실적인 대답이나 "논리적 사고를 키우는 데
좋다"라는 추상적인 답만 들을 수 있었습니다. 심지어 저는
학부에서 수학교육을 전공하면서도 이 질문에 대한 만족스

러운 답을 찾지 못했습니다.

이 '난제'에 대한 명쾌한 답을 찾은 것은 학부를 졸업하고 군생활을 하던 때였습니다. 우연찮게 읽은 신문에서, 해외에서는 심장이 어떻게 뛰고 심정지가 어떻게 발생하는지를 수학자가 연구하고 있다는 내용을 접한 것이었습니다. 이 기사를 읽자 저의 심장도 급격히 빠르게 뛰기 시작했고, 그 순간 수학이 생명을 구하는 데 실제로 어떻게 쓰일 수 있는지 온갖 궁금증이 샘솟았습니다. 이 기사 덕분에 수학을 이용해 의생명과학을 연구하는 수리생물학 분야를 알게 되었고, 국내에 몇 명 없는 수리생물학자로서 지금까지도 매일매일 연구를 이어가며 수학의 쓸모를 몸소 경험하고 있습니다.

19세기에는 수학과 물리학의 만남이, 20세기에는 수학과 화학의 만남이 비약적인 과학 발전을 가져다주었습니다. 21세기에 들어서는 수학과 생명과학의 만남이 새로운 과학혁명을 일으키고 있습니다. 수학과 생명과학이 어우러지는 수리생물학이 국내에서는 아직 생소하게 들릴 수 있습니다. 하지만 미국에서는 이미 수학 박사 6명 중 1명, 통계학 박사 2명 중 1명이 수리생물학 연구로 학위를 받을 정도로 빠르게 성장하고 있는 분야입니다. 최근 미국 국립과학재단에서도 미국 동부, 중부, 서부, 남부 각각에 수리생물학 연구소를 동시에 설립하며 새로운 과학혁명을 선도하기 위해 노력하고 있지요. 운이 좋게도 저는 새롭게 움트는 과학혁명을 지난 10여 년간 아주 가까이에서 지켜볼 수 있었고, 실제 연구에 참여하면서 초등학교부터 20여 년간 공부하고 사랑한 수학의 쓸모를 톡톡히 체감할 수 있었습니다. 특히, 대학원생 시절 글로벌 제약회사인 화이자^{Pfizer}가 신약 개발 과정 중에 직면한 장애물을 직접 수학을 이용해 제거했을 때의 전율은 아직도 생생하게 남아 있습니다.

숫자와 문자가 나열된 수식이 어떻게 의생명과학의 문제 해결에 도움을 줄 수 있는 것일까요? 이는 수학이 복잡한 생명 현상을 컴퓨터가 이해하기 쉽게 묘사할 수 있는 '언어'이기 때문입니다. 그 덕분에 의생명과학 분야의 지식들을 디지털 공간에 구현하고, 컴퓨터를 이용해 데이터를 분석하거나 가상 실험을 진행할 수 있게 됩니다. 다양한 분야의 수학 덕분에 생명과학의 여러 난제들이 시시각각 해결되고 있지만, 이 책은 그중에서도 특히 미적분학이 어떻게 사용되고 있는지를 소개하고자 합니다. 초등학교부터 고등학교까지 총 12년에 걸친 수학 교육의 최종 단계는 미적분학입니다. 인수 분해, 함수, 극한 등이 수학을 포기하게 만드는 주범들이라고 하는데, 사실 이것들을 배우는 이유도 미적분학을 이해하기 위한 것입니다. 그런데 이러한 험난한 과정을 무사히 마치고 최종 단계인 미적분학에 도달했을 때, 우리는 미적분학의 '쓸모'라는 것이 함수의 기울기를 구하고 그 아래의 면적을 구하는 것이라는 점에서 크게 당황하게 됩니다. 일상생활과는 동떨어진 문제들이다 보니 수학을 배우는 이유에 대해 회의감이 들 수밖에 없고, 지난 12년간 수학에 할애한 시간과 노력을 생각하면 허탈하기까지 합니다.

이 책에서는 '컴퓨터가 자연현상을 이해할 수 있도록 묘사하는 언어', 그리고 '미래를 예측하는 도구'로서 미적분학의 진정한 쓸모를 소개하려 합니다. 또한 인간의 직관을 넘어서는 생명과학의 갖가지 현상들을 미적분학으로 어떻게 이해할 수 있는지, 평범한 사람도 어떻게 천재적인 발상을 떠올릴 수 있는지, 실험을 통해 얻은 데이터의 유용성을 어떻게 극대화할 수 있는지 등을 소개할 것입니다.

1장에서는 고등학교 교과서에서 배우는 관점과는 다른 방식으로 그 '쓸모'에 집중하며 미적분학을 알아볼 것입니다. 이어지는 2장에서는 미분방정식을 통해 현실의 문제를 수학의 언어로 번역하는 방법을 소개합니다. 3장부터 7장까지는 이러한 수학으로의 번역을 통해 어떻게 다양한 현대 의생명과학 문제를 해결하는지를 다룰 것입니다. 이 책에서 다루는 문제들을 선택한 기준은 세 가지입니다. 첫째, 제가 직접 연구한 문제들입니다. 단순히 지식을 전달하는 것이 아니라, 수학자가 의생명과학자들과 머리를 맞대고 연구하는 과정과 연구자로서 경험하는 희로애락을 같이 이야기하고 싶었습니다. 둘째, 생체 리듬, 수면, 암, 신약, 코로나19 등 독자분들이 수학의 쓸모를 쉽게 체감할 수 있도록 건강과 밀접한 문제들을 다루었습니다. 셋째, 문제 해결에 사용되는 수학을 독자분들이 충분히 이해할 수 있는 문제들을 선택했습니다.

이 책이 미적분과 씨름하고 있는 학생들이 수학의 매력을 재발견하게 하는 계기가 되기를 바랍니다. 아울러 수학이 단지 학교에서 배우는 한 과목이 아니라 삶을 풍요롭게 하는 도구임을 깨닫게 되는, 독자분들의 희열 넘치는 순간을 기대합니다.

CONTENTS

1장

미래를
예측하는
미적분학

의생명과학과 수학의 아름다운 만남

노벨 물리학상 수상자인 에르빈 슈뢰딩거^{Erwin Schrödinger}는 1944년에 출간된 『생명이란 무엇인가^{What is life?}』에서 생명을 물리학의 관점에서 바라보았습니다. 특히, 죽음을 변화하지 않는 평형상태로, 생명을 끊임없이 변화하는 역동적인 상태로 정의했지요. 이러한 생각은 제임스 왓슨^{James Watson}과 프랜시스 크릭^{Francis Crick}이 DNA 이중나선 구조를 발견함으로써 그로부터 50여 년간 이어진 분자생물학 혁명으로 사실임이 밝혀졌습니다. 즉, 살아 있는 생명체의 세포 속에는 수많은 종류의 분자들이 복잡한 생화학 반응을 통해 끝없이 변하고 있음을 알게 되었습니다.

생명 현상을 분자 수준에서 이해하는 것은 이전과는 차원이 다른 복잡성을 마주하게 만들었고 관찰과 직관적인 분석에 의존하는 기존의 연구 방법의 한계를 깨닫게 했습니다. 이에 따라, 지난 20세기에 물리학 분야에서 복잡한 역학 현상을 이해하기 위해 발전시킨 수학 이론과 이것에 필요한 복잡한 계산을 가능하게 하는 컴퓨터의 발전이 수학과 의생명과학의 결합을 이끌게 되었습니다. 이것이 지난 20여 년간 수학이 의생명과학 분야의 수많은 미해결 문제들을 해결하고 연구 페러다임을 바꾸게 한 배경입니다.

끊임없이 변하는 생명 시스템을 이해하고 예측하기 위한 수학 이론들 가운데 하나가 바로 미적분입니다. 행성의 움직임을 예측하기 위해 개발된 미적분이 이제는 생물학 시스템을 이해하는 데 중요한 역할을 하고 있는 것입니다. 미적분이 세포 내부 분자들 간의 생화학적 반응뿐만 아니라 뇌 안에서의 전류 흐름, 심장박동, 혈류의 흐름 등 다양한 생명 현상이나 코로나19와 같은 전염병마저 컴퓨터가 이해하도록 번역해 주기에 복잡한 생명 현상까지도 비로소 제대로 이해하게 된 것입니다.

생명 현상을 이해하는 데 수학이 필수적인 만큼, 미국 국립보건원 National Institute of Health 산하의 모든 기관은 수학을 이용하는 생명과학 연구에 연구비의 상당 부분을 할애하고 있습니다. 다국적 제약회사들 역시 신약 개발 비용을 줄이면서도 성공 확률을 높이기 위해 수학자들로 구성된 수리 모델링 부서를 만들었지요. 실제로 제가 참여한 화이자의 신약 개발 프로젝트에서는 의학자나 생명과학자 말고도 신약 개발과 별다른 관련이 없어 보이는 수학자, 물리학자, 통계학자들이 신약 개발에서 중요한 역할을 수행했습니다.

10분 만에 이해하는 미분과 적분

끊임없이 변하는 생명 시스템을 이해하고 예측하기 위한 핵심적인 수학 이론인 미적분학은, 초등학교부터 고등학교까지 수학을 10여 년간 공부하며 수많은 고비를 넘겨야 비로소 그 최종 단계로 배우게 됩니다. 하지만 수학을 포기하는 학생, 이른바 '수포자'를 줄이려면 미적분학을 없애야 한다는 주장이 매년 나올 만큼 수많은 학생들이 미적분학으로 고통받기도 하지요. 미적분학을 엄밀하게 배우려면 수열, 극한, 급수 등 수학의 다양한 개념들을 알아야 하기 때문입니다. 하지만 이러한 복잡한 수학을 몰라도 미적분학의 본질을 이해하는 데는 어려움이 없고, 한 걸음 더 나아가 이를 생명과학의 문제들을 해결하는 데 사용할 수도 있습니다. 이번 장에서는 수학의 엄밀함을 잠시 내려놓고, 복잡한 수학 없이 미적분학의 본질을 알아보고 이것을 어떻게 사용하는지 소개하겠습니다. 여러분은 이미 일상에서 미적분학을 알게 모르게 사용하거나 경험하고 있습니다. 그림 1.1처럼 자동차가 움직인 거리를 x라고 합시다. 그러면 당연히 시간이 지남에 따라 x도 증가하겠지요.

초등학생 때 열심히 외운 공식 기억나나요? 속도는 움직인 거리를 움직인 시간으로 나누어 준 것입니다.

그림 1.1 자동차가 움직인 거리 x.

$$\text{속도} = \text{이동 거리/이동 시간} = \Delta x / \Delta t$$

수학에서 그리스 알파벳인 Δ, 델타는 변화량을 뜻합니다. 따라서 Δx는 x가 얼마나 변했는지를 뜻하는 것이니 이동 거리를, Δt는 시간이 얼마나 변했는지를 뜻하는 것이니 이동 시간을 뜻합니다. 이 삼각형을 매번 그리는 것은 번거롭기에, 삼각형 대신 델타^{delta}의 첫 글자를 따서 'd'를 사용하기로 하겠습니다.

$$\text{속도} = dx / dt$$

믿기지 않겠지만, 우리는 방금 미분의 핵심을 다 배웠습니다. dx/dt는 x의 미분인데, 이는 다름 아닌 자동차가 움직이는 속도입니다. 즉, 자동차가 움직인 거리 x가 얼마나 빠르게 변하는지를 나타내는 것이 바로 미분입니다. 이 책에서 이것만 기억합시다.

미분은 현재 속도.

이를 바탕으로 $dx/dt = 50km/h$의 의미를 생각해 봅시다. 이는 자동차가 움직이고 있는데, 매 순간 1시간당 50킬로미터의 속도(dx/dt)로 일정하게 움직이고 있다는 뜻입니다. 그러면 이제부터 문제를 풀어봅시다. 1시간 지났을 때 이 자동차는 얼마나 움직였을까요? $50km$이겠지요. 3시간 지나면? $50km/h*3h = 150km$입니다. 그럼 t시간만큼 지나면 어떨까요? t시간 후 자동차는 $50*tkm$만큼 움직였을 것입니다. 방금 여러분이 한 것이 적분입니다.

속도(dx/dt)로부터 움직인 거리(x)를 구하는 것이 적분.

적분의 핵심까지 다 배웠습니다. 모두 알고 있었던 것인가요? 그런데 미분과 적분을 이용하면 속도가 일정한 경우뿐만 아니라 바뀌는 경우도 다룰 수 있습니다. 이것이 바로 미적분학의 묘미입니다. 이 부분은 부록에서 다루었습니다. 미적분학에 한 걸음 더 다가가고 싶으신 분들은 읽어보시길.

미적분의 진짜 쓸모

내비게이션을 보면 다양한 숫자들이 표시되어 있습니다. 자동차의 속도도 있고, 남은 거리도 있고, 도착 예정 시간도 나와 있습니다. 여러분은 이 숫자들 중에서 어떤 것에 가장 관심이 가나요? 강의할 때 같은 질문을 던지면, 보통 90퍼센트 정도의 청강자들이 도착 예정 시간에 가장 관심 있다고 답합니다. 현재 속도라고 답하는 경우는 10퍼센트 정도입니다. 과속 카메라에 찍혀 벌금을 낸 적이 있다면 눈길이 속도에 더 가기는 할 것입니다. 아무튼 대부분은 도착 예정 시간에 더 관심이 있습니다. 저도 내비게이션이 없던 어린 시절 장거리 여행을 갔을 때 너무 지겨워 뒷자리에서 5분마다 언제 도착하는지 물어보았다가 혼이 난 기억이 있습니다. 지금 저의 아들과 딸은 도착 시간보다는 휴게소에 언제 도착하는지를 제일 궁금해하지만요.

속도, 남은 거리, 도착 예정 시간은 모두 숫자로 표현되지만 그 성질은 서로 다릅니다. 속도는 측정하기가 어렵지 않습니다. 야구 중계에서는 투수가 던진 공의 속도가 얼마인지 실시간으로 보여줍니다. 자동차의 속도도 스피드건으로 어렵지 않게 측정할 수 있기 때문에 과속 시 벌금을 내는 것입니다. 남은 거리도 지도를 이용해 측정할 수 있습니다. 하지만 도착 예정 시간은 곧바로 측정할 수 없습니다. '예정'은 미래에 벌어지는 사건을 두고 하는 말이기에, 예측을 해야 알 수 있지요. 그러면 미래는 어떻게 예측할 수 있을까요? 사실 몇 문단 앞에서 여러분도 이미 예측을 했었습니다.

여러분은 속도 dx/dt가 $50km/h$일 경우, 시간이 t만큼 지났을 때 자동차가 얼마나 움직일지를 예측했고 그 결과로 '$x(t) = 50tkm$'라는 식을 얻었습니다. 이 식만 알면, 남은 거리가 100킬로미터일 때 도착 예정 시간이 2시간 후라는 것도 쉽게 예측할 수 있습니다. 그렇습니다. 적분은 '쉽게 측정할 수 있지만 그다지 관심 없는 속도'로부터 '궁금하지만 측정할 수는 없는 미래'를 예측하기 위해 필요한 것입니다. 즉,

미적분학은 미래를 예측하기 위해 필요합니다.

은행에 갔는데 다음과 같은 두 종류의 광고가 있다고 해 봅시다.

"이 예금에 돈을 넣으면 매년 자산이 7퍼센트 증가합니다."
"1,000만 원을 예금하면 10년 후에는 2,000만 원, 2배가 됩니다."

어느 것이 마음에 더 와닿나요? 미적분을 다룰 줄 아는 은행원이라면 후자와 같이 광고할 수 있을 것입니다. 한편 요즘에는 인구 감소 문제가 심각합니다. 이와 관련해 2021년도 통계청 자료를 바탕으로 작성된 아래의 문구들을 봅시다.

"일반적인 시나리오로 볼 때 인구 성장률은 2021~2035년 중에 -0.1퍼센트 수준, 이후 감소 속도가 빨라져 2070년에는 -1.24퍼센트의 수준을 기록하게 된다."
"2120년 한국의 인구는 2,095만 명으로, 2020년 인구의 40.4퍼센트 수준으로 급감한다. 가장 비관적인 시나리오를 적용하면 2120년에는 인구가 1,214만 명으로 지난해의 23.4퍼센트가 된다."

어느 문구가 더 와닿나요? 그렇지요, 아래 문구입니다. 미적분을 이용하면 후자는 전자로부터 계산해 구할 수 있습니다. 다시 한번 강조하고 싶습니다.

미적분학은 미래를 예측하기 위해 필요합니다.

여러분의 통장 잔고에 앞으로 돈이 얼마나 남을지, 자동차의 연료가 언제 떨어질지와 같은 개인적인 문제부터 지구의 석유가 언제 바닥날지, 해수면의 높이가 얼마나 높아질지, 기후가 어떻게 변할지, 태양계가 언제까지 존재할지와 같은 문제까지 갖가지 미래를 예측하는 데 미적분학이 필요합니다.

2장

컴퓨터를 위한
생명 현상 번역기,
수학

아무도 맞히지 못한 문제

의생명과학자들을 대상으로 강연할 때 종종 내는 퀴즈가 있습니다. 지난 10년간 수천 명의 내로라하는 국내외 의생명과학자분들께 이 퀴즈를 내었는데, 지금까지 맞힌 사람은 단 한 명도 없었습니다. 다만, 몇 년 전 대전 국립중앙과학관에서 초등학생을 대상으로 진행한 강연에서 딱 한 번 어느 초등학생이 맞힌 적이 있었습니다. 너무 놀라워서 왜 그렇게 생각하는지 물었는데, 아쉽게도 그냥 찍은 것이라고 답했습니다. 이 문제를 제대로 맞힌 사람은 없었던 셈입니다. 그 문제는 다음과 같습니다. 독자분들 중에는 맞히는 분이 나오기를 바랍니다.

"우리 몸의 세포는 분열하며 끊임없이 새로운 세포를 만들고 있습니다. 그런데 몸속에 세균이 들어와서 어떤 세포가 감염되었다고 해봅시다. 이 감염된 세포가 정상 세포를 만나면 정상 세포도 똑같이 감염됩니다. 이렇게 감염된 세포들은 우리의 면역 체계에 의해 일정한 속도로 죽습니다. 요컨대 정상 세포는 새롭게 생성되어 증가하면서도 감염되어 감소하는데, 과연 시간에 따라 정상 세포의 수는 어떻게 변할까요? X축이 시간 Y축은 정상 세포의 수인 그래프를 그려보세요!"

이번 장에서는 이 문제를 두 가지 방법으로 접근할 것입니다. 하나는 우리의 직관을 이용한 방법이고, 다른 하나는 컴퓨터를 이용하는 방법입니다. 어떤 현상을 컴퓨터가 이해할 수 있도록 수학적으로 묘사하는 것을 '수리 모델링mathematical modeling'이라고 합니다. 지금부터 미적분학을 바탕으로 수리 모델링을 하는 방법, 즉 생명과학의 언어를 컴퓨터가 이해하도록 수학으로 번역하는 방법을 소개하려고 합니다. 이 책에서 수식이 가장 많이 등장하는 장이라서 다소 어려울 수는 있지만, 이 장의 수학 내용들만 이해하면 다음 장에서 다루어지는 다양한 의생명과학 문제들을 새로운 방법으로 접근해 풀 수 있습니다.

수학으로 번역한 세포 증식

아메바는 어느 정도 성장하면 두 마리의 똑같은 아메바로 분열합니다. 우리 몸속의 세포도 마찬가지입니다. 세포는 어느 정도 성장하면 2개의 세포로 분열합니다. 끊임없이 새로운 세포가 만들어지는 것이지요. 분열은 하루에 한 번 정도 일어나는데, 하루 중 90퍼센트 정도의 시간은 세포분열을 위한 준비 기간이고 실제 분열이 일어나는 데 걸리는 시간은 하루 중 10퍼센트 정도입니다. 우리 몸속의 세포들이 하루에 한 번씩 새로운 생명을 탄생시키는 덕분에 키가 크고 피부도 탱탱하게 유지되는 것입니다.

　정상 세포가 분열하는 이 현상을 컴퓨터가 이해할 수 있도록 수학적으로 묘사하기 위해 가장 먼저 해야 할 것은 이 현상이 발생하는 속도를 생각하는 것입니다. 정상 세포가 분열하며 늘어나는 속도는 [늘어난 세포의 수]/[걸린 시간]입니다. 현재 세포가 1개라면 24시간 후에는 분열이 되어 1개 더 늘어나니 늘어난 세포의 수는 1개, 속도는 1/24h이 됩니다. 현재 세포가 2개라면 24시간 후에는 분열되어 2개 더 늘어나니 속도는 2/24h가 됩니다. 그럼 우리 몸에 있는 현재 세포의 수를 X라고 하면 전체 세포 수의 증가 속도는 무엇일까요? X/24h입니다. '미분은 속도'라는 점을 적용해 이를 미분으로 표현하면 다음과 같습니다.

$$\frac{dX}{dt} = \frac{X}{24}$$

이 식에 따르면 세포의 증가 속도는 현재 세포의 수인 X에 비례합니다. 즉, 현재 세포 수가 240개라면 그 속도는 10이 되고, 2,400개라면 그 속도는 100이 됩니다. 자연스러운가요? 잘 이해되지 않는 분들은 한국과 중국 가운데 어느 쪽이 인구 증가 속도가 빠를지를 생각해 봅시다. 중국이 훨씬 빠르겠지요? 왜 그럴까요? 인구 증가 속도는 현재 인구수가 많을수록 빨라지기 때문입니다. 암의 경우에는 세포분열 속도가 훨씬 빠른데, 예를 들어 20시간마다 분열하는 암세포의 증가 속도는 $dX/dt = X$/20로 표현할 수 있습니다.

정상 세포의 증가 속도에 관한 미분식을 적분하면, 현재의 정상 세포 수를 $X(0)$라고 할때, t시간 후의 정상 세포 수인 $X(t)$를 예측할 수 있습니다. 컴퓨터를 이용해 적분할 수도 있지만, 이 예제는 다음과 같이 손으로도 풀 수 있습니다.

$$X(t) = X(0)e^{t/24} \approx X(0) * 2.7^{t/24}$$

이 식에 따르면 t시간 후의 정상 세포의 수 $X(t)$는 현재의 정상 세포 수 $X(0)$의 $e^{t/24}$배입니다. 여기서 e는 자연 상수라고 하는 것인데, 2.7 정도 되는 수입니다. 이 식에 따르면 $X(24) = X(0)e^{24/24} = X(0)e \approx X(0) * 2.7$입니다. 즉, 24시간이 지나면 세포 수는 약 2.7배 증가합니다. 그리고 48시간이 지나면 $X(48) = X(0)e^{48/24} = X(0)e^2 \approx X(0) * 2.7^2$로 증가합니다. 72시간이 지나면 어떻게 될지는 계산해 보지 않아도 예상이 되지요? $X(72) \approx X(0) * 2.7^3$. 하루가 지날 때마다 약 2.7배씩 늘어나는 것입니다. 이렇게 일정한 시간이 지날 때마다 약 배수로 늘어나는 것을 기하급수적으로 증가한다고 말하는데, 토머스 맬서스^{Thomas Malthus}가 『인구론^{An Essay on the Principle of Population}』에서 지구의 인구가 기하급수적으로 증가한다고 주장할 때 사용한 것도 바로 앞의 미분과 적분입니다.

그런데 24시간이 지나면 세포 수가 대략 2.7배씩 늘어난다는 것이 조금 이상합니다. 24시간에 한 번씩 분열되면 24시간이 지났을 때는 세포 수가 2배로 늘어나야 할 것 같은데, 왜 그보다 더 많이 늘어나는 것일까요?

현재 우리 몸속에 있는 세포 수가 2,400개라고 해봅시다.

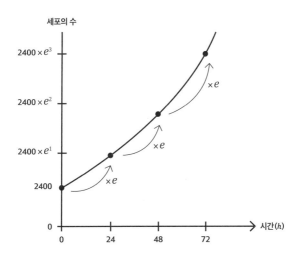

그림 2.1 시간에 따른 세포 수의 변화.

(사실 우리 몸속에는 30조 개에 달하는 세포가 존재하지만, 이 수를 이용하면 수식을 이해하기도 전에 숫자에 질려버릴지도 모릅니다.) 따라서 세포 증가 속도 dX/dt = 2400/24이니 100/h입니다. 이 속도가 앞으로 24시간 동안 유지된다면, 24시간이 지났을 때는 100*24 = 2400만큼 세포가 추가로 생겨서 세포 수가 4,800개, 즉 2배가 됩니다.

그런데 과연 세포 증가 속도 100/h이 24시간 동안 유지될까요? 우리 몸속 세포의 수가 2,400개일 때는 세포 증가 속도가 100/h이니, 1시간 지나면 세포가 2,500개로 늘어납니다. 그런데 세포의 증가 속도는 dX/dt = X/24니까 이제 1/24*2500/h, 즉 시간당 약 104개가 늘어납니다. 속도가 빨라졌습니다. 증가 속도는 현재의 세포 수가 많을수록 빠른데, 시간이 지날수록 세포 수가 많아지니 속도도 같이 빨라지는 것입니다. 이제는 1시간이 지났을 때 세포의 수가 100개가 아니라 104개가 늘어나 2,604개가 됩니다. 그리고 세포 증가 속도는 1/24*2604/h, 즉 시간당 약 108개가 늘어납니다.

이렇듯 세포 수가 증가하면 증가할수록 속도는 실시간으로 빨라집니다. 그래서 24시간이 지나면 세포는 2배보다 더 많이 증가하게 되는데, 그 값이 바로 2.718…인 자연 상수 e

입니다(그림 2.1). 고등학교 때 2.718…라는 복잡한 무리수를 왜 '자연스러운' 상수라고 하는지 전혀 이해하지 못했는데, 세포 수의 증가를 자연스럽게 묘사하는 상수라고 생각하니 이제는 조금 알 것 같습니다.

요컨대 처음 세포 수를 바탕으로 그 증가 속도가 24시간 동안 일정하다고 가정하면 24시간 후에는 세포 수가 2배로 증가하는 것이고, 세포가 늘어나는 것을 실시간으로 반영해 주면 24시간 후에는 세포 수가 자연 상수 배(대략 2.7배)로 증가하게 됩니다.

같은 논리를 여러분 통장에 적용해 봅시다. 은행에서 통장을 개설할 때 여러분이 입금한 돈에 비례하는 이자를 1년 동안 동일하게 주는 것을 '단리', 하루가 지날 때마다 붙는 이자를 원금과 함께 고려해 이자를 더 주는 것을 '복리'라고 합니다. 부자가 되려면 단리와 복리 가운데 무엇을 선택해야 하는지는 지금까지 이 책을 열심히 읽었다면 충분히 알 것이라고 생각합니다. 그래도 혹시나 해서 알려드립니다. 같은 이율이면 무조건 복리를 선택해야 합니다!

이제 미분을 통해 세포 수의 증가 속도를 나타낸 식과 적분을 통해 세포 수를 구한 식을 비교해 봅시다.

$$\frac{dX}{dt} = \frac{X}{24} \quad \text{vs.} \quad X(t) = X(0)e^{t/24}$$

어느 것이 더 이해하기 쉽고 직관적인가요? 왼쪽의 미분식이 이해하기가 훨씬 쉽습니다. 1장에서는 속도가 측정하기 어렵지 않다고 했는데, 속도의 다른 장점은 이해하기 쉬운 경우도 많다는 것입니다. 이렇게 자연현상을 묘사할 때 그 속도를 나타내는 미분 dX/dt는 간단한 경우가 많은 반면, 그것을 적분한 X는 식이 복잡하거나 풀 수 없는 경우도 적지 않습니다. 그래서 미래를 예측하는 X에 관한 식을 곧바로 머릿속에 떠올리는 것은 쉽지가 않습니다. 즉, $X(t) = X(0)e^{t/24}$을 한 번에 생각해 낼 수 있나요? 세포가 24시간에 한 번씩 분열한다는 이야기를 듣고 "음, 24시간이 지날 때마다 $e = 2.718\cdots$배만큼 증가하겠구먼" 하고 생각하는 게 쉬운가요? 어렵습니다. 하지만 X의 속도에 관한 상대적으로 단순한 식 $dX/dt = X/24$는 어렵지 않게 생각해 낼 수 있습니다. 그리고 이것을 적분해 $X(t) = X(0)e^{t/24}$을 얻는 것이 훨씬 쉽습니다. 미적분의 또 다른 쓸모입니다.

미분은 속도 변화를 직관적으로 묘사하게 해주고, 이것의 적분은 직관적이지 않은 미래를 예측하게 해줍니다.

수학으로 번역한 세포 감염

우리 몸속의 감염된 세포는 또 다른 정상 세포의 감염을 유발합니다. 감염은 정상 세포와 감염된 세포가 만나야만 일어납니다. 따라서 감염되는 속도는 정상 세포와 감염 세포가 만날 확률에 비례합니다. 그리고 이 확률은 정상 세포 수(X)와 감염 세포 수(Y)의 곱에 비례합니다. 따라서 감염되는 속도는 $X*Y$에 비례합니다. (정상 세포 수, 감염 세포 수)가 (100개, 0개) 또는 (99개, 1개) 또는 (50개, 50개) 또는 (1개, 99개)일 때, 정상 세포와 감염 세포가 만날 확률은 어느 경우에 가장 높을까요? 정상 세포 수와 감염 세포 수를 곱해보면 각각 0, 99, 2,500, 99입니다. 따라서 정상 세포 수와 감염 세포 수가 각각 50개일 때 감염될 확률은 가장 높습니다. 그리고 정상 세포 수나 감염 세포 수가 0이면 서로 만날 확률이 없어서 감염될 확률도 0이 됩니다. 여러분이 미팅에 나갔는데 남자 99명과 여자 1명인 경우, 남자 50명과 여자 50명인 경우로 나누어 이해해 보면 더 잘 와닿을까요?

요약하면, 감염 속도는 정상 세포 수와 감염 세포 수의 곱 (X^*Y)에 비례합니다. 따라서 그 속도는 k^*X^*Y가 됩니다. 여기서 k는 정상 세포가 감염 세포를 만났을 때 얼마나 잘 감염되는지에 따라 결정되는 상수입니다. 잘 감염되는 질병이라면 k의 값이 클 것이고 그렇지 않은 질병이라면 작을 것입니다.

정상 세포 수는 세포분열에 의해 증가하지만, 감염을 통해 감소하고 있기도 합니다. 이러한 상황에서 정상 세포 수의 변화 속도는 무엇일까요? 증가하는 속도 $X/24$에서 감소하는 속도 k^*X^*Y를 빼주면 됩니다.

$$\frac{dX}{dt} = \frac{X}{24} - kXY$$

이제 감염 세포 수를 생각해 봅시다. 감염이 일어나면 감염 세포의 수 Y는 증가합니다. 따라서 Y는 k^*X^*Y 속도로 증가합니다. 한편, 감염 세포는 우리의 면역 체계에 의해 죽습니다. 감염 세포가 죽어 없어지는 속도는 감염된 세포의 수에 비례합니다. (중국에서 사망하는 사람의 수가 한국에서 사망하는 사람의 수보다 많겠지요?) 따라서 감염 세포의 감소 속도는 d^*Y입니다. 여기서 상수 d는 우리의 면역 체계가 활발할

수록 증가할 것입니다. 그러면 감염된 세포의 수, Y의 변화 속도는 무엇일까요? 감염이 일어나면 Y는 증가하고 죽으면 감소하기에, 감염 속도 $k*X*Y$에서 소멸 속도 $d*Y$를 빼주면 됩니다.

$$\frac{dY}{dt} = kXY - dY$$

지금까지 우리 몸속에서 감염이 일어나는 과정을 미분방정식으로 표현해 보았는데요. 이를 생물학적으로 표현하면 아래와 같습니다.

$$X \xrightarrow{1/24} X + X$$
$$X + Y \xrightarrow{k} Y + Y$$
$$Y \xrightarrow{d}$$

맨 위의 식은 X가 하나씩 더 만들어지는 것, 두 번째 식은 X가 Y랑 서로 만나 감염이 일어나서 X가 Y로 바뀌는 것, 마지막 식은 Y가 죽어 없어지는 것을 뜻합니다. 이 생물학적인 표현을 다음의 수학적 표현과 비교해 봅시다.

$$\frac{dX}{dt} = \frac{X}{24} - kXY$$

$$\frac{dY}{dt} = kXY - dY$$

여러분은 어느 표현이 더 잘 와닿나요? 아무래도 생물학적 표현이 더 잘 와닿지요? 그런데 컴퓨터의 입장에서는 반대입니다. 컴퓨터에는 미적분을 푸는 기능이 기본적으로 탑재되어 있기에, 어떤 현상이든 미적분으로 표현하기만 하면 컴퓨터는 그 현상을 이해할 수 있습니다. 이렇게 컴퓨터가 이해하도록 수학적으로 묘사하는 과정을 '수리 모델링'이라고 하는 것입니다.

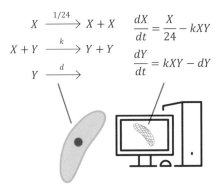

그림 2.2   컴퓨터가 이해하도록 수학으로 번역하는 수리 모델링.

수학은 우리가 이해하고 있는 것을 컴퓨터가 이해하도록 번역해 주는 언어입니다.

인간의 직관 vs. 컴퓨터의 예측

컴퓨터를 이용해 앞의 미분방정식을 풀면, 정상 세포 수와 감염 세포 수가 앞으로 어떻게 변할지 예측할 수 있습니다. 그 전에 어떻게 될지 한번 상상해 봅시다. 어떻게 변할까요? 정상 세포는 24시간에 한 번씩 분열하며 늘어나고 있지만, 감염되어 감소하기도 합니다. 따라서 정상 세포의 수는 감염 속도를 결정하는 k의 값이 얼마나 큰지에 따라 달라질 듯합니다. k의 값이 매우 작은 경우에는 어떻게 될까요? 감염 속도가 매우 느려지기에 정상 세포의 증가 속도에 비해 미

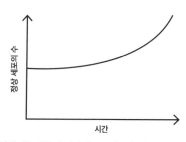

그림 2.3 k의 값이 매우 작을 때 정상 세포 수의 변화(예상).

미해질 테고 정상 세포는 증가할 것 같습니다(그림 2.3).

k의 값이 조금 더 늘어나, 정상 세포의 증가 속도와 감염 속도가 서로 비슷해지면 어떨까요? 우리 통장에 수입과 지출이 비슷하면 통장 잔고가 유지되는 것처럼, 다음과 같이 정상 세포의 수도 어떤 값으로 수렴하며 일정하게 유지될 듯합니다(그림 2.4).

마지막으로, k가 매우 큰 값이어서 감염 속도가 정상 세포

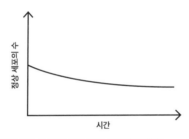

그림 2.4 k의 값이 조금 더 클 때 정상 세포 수의 변화(예상).

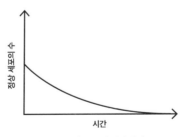

그림 2.5 k의 값이 아주 클 때 정상 세포 수의 변화(예상).

수의 증가 속도를 압도하게 되면 어떨까요? 그림 2.5와 같이 정상 세포 수가 감소하다가 모두 사라질 듯합니다. 끔찍하지요. 이렇게 우리의 직관과 논리적인 추론을 통해 미래를 예측하는 것이 전통적인 생명과학의 방식입니다. 그래서 전통적인 생명과학을 잘하기 위해서는 반드시 비상한 두뇌가 필요하지요.

다른 방식은 정상 세포(X)와 감염 세포(Y)에 관한 미분방정식을 적분해 미래를 예측하는 것입니다. 이 식을 손으로 풀 수는 없습니다. 챗GPT에 앞의 식을 넣고 적분해 달라고 하면, 'XY' 항이 1차식이 아니라 풀 수 없다고 답합니다. 이처럼 X와 Y의 해를 식으로 적을 수 없을 때는, X와 Y에 관한 식을 적지 못하더라도 수치적으로 계산해 그래프로 나타낼 수 있습니다. 다양한 프로그램을 사용하면 되는데, 이 정도의 간단한 식은 챗GPT도 수치적으로 풀 수 있습니다. 한번 물어볼까요? 자, 그림 2.6처럼 결과가 나왔습니다.

어? 우리가 예상한 것과 결과가 많이 다릅니다. 정상 세포 수와 감염 세포 수가 증가하다가 감소하기를 반복하고 있습니다. 정상 세포 수가 증가하다가 어느 시점이 되면 다시 감소하고, 감소하다가 거의 사라질 즈음에는 다시 증가합니다.

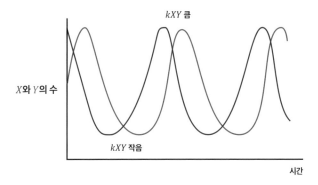

그림 2.6 정상 세포와 감염 세포 수의 변화에 대한 수치적 계산.

그리고 이러한 증감은 감염 속도를 결정하는 k의 값과 감염 세포가 죽는 속도 d의 값이 무엇이든 항상 일어납니다. 다만 진폭과 주기만 달라질 뿐입니다. 이렇게 정상 세포와 감염 세포는 끊임없이 엎치락뒤치락하며 경쟁을 합니다.

왜 우리가 예상한 것과는 전혀 다른 결과가 나오는 것일 까요? 이 계산 결과를 보기 전까지 우리는 감염 속도 상수 인 k 값이 얼마나 크고 작은지에 따라 감염 속도가 결정된다 고 예상했습니다. 하지만 이 예상은 절반만 맞고 절반은 틀 렸습니다. k 값이 크더라도, 정상 세포 수 X와 감염 세포 수

Y가 줄어들어서 kXY 값이 작아지면 감염 속도는 느려질 수 있습니다. 반대로 k 값이 작더라도, 정상 세포 수 X와 감염 세포 수 Y가 많아지면서 kXY 값이 커지면 감염 속도는 빨라질 수 있습니다. 따라서 앞의 그래프를 보면 kXY 값이 작아진 시점에는 감염 속도가 줄어들어 다시 X가 증가하게 되고, kXY 값이 커진 시점에는 감염 속도가 빨라지며 Y가 감소하게 됩니다.

이렇게 계산 결과를 보면 납득이 가지만, 이 결과를 보기 전까지 정상 세포와 감염 세포의 수가 오르락내리락할 것이라고 예측하기는 여간 어려운 일이 아닙니다. 컴퓨터를 이용하기 전에는 우리가 직관을 이용해 얻은 결과들이 언뜻 합리적으로 보입니다. 하지만 틀렸습니다. 우리의 직관에 잘 와닿지 않더라도 정상 세포와 감염 세포의 수가 오르락내리락하며 서로 공존하는 것이 사실입니다. 이렇게 간단한 시스템도 직관적으로 이해하기가 어려운데, 이보다 훨씬 복잡한 실제 생명 시스템을 인간의 직관만으로 이해하는 것이 가능할까요? 불가능에 가까울 뿐만 아니라 잘못된 결론을 내릴 가능성도 높습니다.

정상 세포와 감염 세포의 수가 오르락내리락하는 그래프

를 조금 더 살펴봅시다. 감염 세포가 사라질 만하면 다시 올라가고 사라질 만하면 또 올라갑니다. 이것을 보니 지난 몇 년간 우리사회를 끊임없이 괴롭힌 코로나19가 주마등처럼 지나갑니다. 코로나19 확진자가 없어질 만하면 다시 발생하고 없어질 만하면 또 발생해서, 모두가 희망과 절망 사이를 오고 가며 서서히 지쳐갔습니다. 특히, 코로나19 확진자가 다시 증가하는 국면을 맞을 때마다 방역 정책에 대한 의심과 함께 많은 사회적 갈등이 초래되기도 했지요.

하지만 수학자인 저의 눈에는 확진자 수가 오르락내리락하는 것이 자연스러워 보였습니다. 정상 세포와 감염 세포를 코로나19에 확진되지 않은 사람과 코로나19에 확진된 사람이라고 해봅시다. 새 생명은 매일 태어나기 때문에 코로나19에 확진되지 않은 사람은 늘어납니다. 그런데 확진자가 코로나19 환자와 접촉하면 일정 확률로 감염됩니다. 그리고 감염된 사람은 격리되겠지요. 어떤가요? 정상 세포와 감염 세포의 문제와 코로나19 감염의 문제가 크게 다를 것이 없습니다. 그래서 수학자인 저의 눈에는 오르락내리락하는 것이 자연스러워 보였는데, 대다수는 노력만 하면 코로나19가 금방 사라질 것이라고 예상했고 정부 정책도 그러한 예상을 따랐습니다. 하지만 안타깝게도 현실은 우리의 직관에 기반한 희망적인 미래와 달랐습니다. 미적분학이 예측한 대로 희망과 절망의 고통스러운 반복이었지요. 코로나19 초기부터 이렇게 오르락내리락할 것을 모두가 공유하고 준비했더라면 조금은 덜 고통스럽지 않았을까 짐작해 봅니다.

　미적분과 컴퓨터를 이용하면 인간의 직관만으로는 이해할 수 없는 복잡한 생명과학의 영역까지 나아갈 수 있습니다. 생명과학자들이 직관에 기반한 방식으로 풀지 못했던 여러 난제들을 수학과 생명과학을 결합해 해결할 수 있었던 것도 모두 미적분과 컴퓨터 덕분입니다. 이것에 대해서는 다음 장부터 소개하고자 합니다. 그 전에 미적분의 쓸모를 다시 한번 강조하고 싶습니다.

미분은 속도 변화를 묘사해 컴퓨터가 이해하도록 하고, 적분은 컴퓨터로 하여금 인간의 직관을 넘어서는 복잡한 미래를 예측하도록 합니다.

3장

우리 몸속의
신비로운 세계,
생체 시계

노벨상 연구에 대한 의구심

2017년 가을, 추석을 맞아 제주도 할머니 댁에서 친척들과 저녁 식사를 하는데 느닷없이 전화벨이 울렸습니다. 그칠 만하면 다시 울리기를 반복했는데, 모두 기자분들이었습니다. 다름이 아니라 2017년 노벨 생리의학상이 생체 시계의 분자 메커니즘을 찾은 생명과학자들에게 수여되는 것으로 발표되었는데(그림 3.1), 생체 시계를 연구하고 있는 저에게 수상 내용에 관해 문의하기 위해 연락한 것이었습니다. 대학원 시절부터 꾸준히 연구한 생체 시계 분야에서, 그

그림 3.1 　2017년 노벨 생리의학상 수상자, 제프리 홀, 마이클 로스배시, 마이클 영.

것도 학회에서 자주 만나며 친근해진 연구자들에게 노벨상이 수여된다니 믿기지 않았습니다. 그런데 생각해 보니 아이러니하게도, 대학원생 시절 생체 시계와 관련해 처음 쓴 논문은 이들의 연구에 대한 의구심에서 출발한 것이었습니다. 그 이후 운 좋게도 생체 시계 분야에서 가장 오랫동안 풀리지 않아 '최대 난제'라고 불린 문제를 수학으로 해결할 수 있었던 것도 어찌 보면 이 의구심 덕분이었지요.

우리 몸속의 시간, 일주기 리듬

우리 몸의 상태가 하루 주기로 변화하는 것을 '일주기 리듬circadian rhythm'이라고 합니다. 여기서 'circadian'은 대략을 뜻

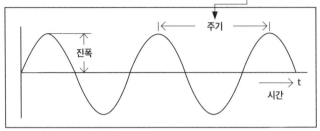

그림 3.2 일주기 리듬 그래프.

하는 라틴어 'circa'와 하루를 뜻하는 'diem'이 결합한 단어이지요(그림 3.2). 우리 몸에는 다양한 일주기 리듬이 있습니다(그림 3.3). 예를 들어, 매일 밤 9시 정도가 되면 우리 뇌 속에서는 멜라토닌 호르몬이 분비되어 졸리기 시작하고 아침이 되면 호르몬 분비가 멈추며 잠에서 깹니다. 혈압 역시 낮에는 높아지고 밤에는 낮아지는 24시간 주기의 리듬을 가지고 변하지요.

사람뿐만 아니라 박테리아부터 곤충, 식물, 동물에 이르기까지 거의 모든 생명체가 이러한 일주기 리듬을 가지고 있습니다. 그러면 생명체들은 시간을 도대체 어떻게 알고 일주기 리듬을 유지하는 것일까요? 처음에는 단순히 지구의

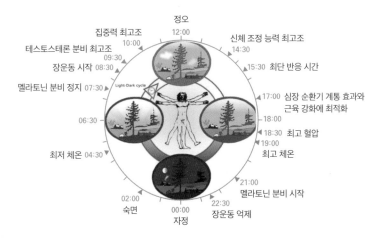

집중력 최고조 10:00
정오 12:00
신체 조정 능력 최고조 14:30
테스토스테론 분비 최고조 09:30
15:30 최단 반응 시간
장운동 시작 08:30
멜라토닌 분비 정지 07:30
Light-Dark cycle
17:00 심장 순환기 계통 효과와 근육 강화에 최적화
06:30
18:00
18:30 최고 혈압
19:00 최고 체온
최저 체온 04:30
21:00 멜라토닌 분비 시작
02:00 숙면
00:00 자정
22:30 장운동 억제

그림 3.3 우리 몸 안에서 일어나는 다양한 일주기 리듬.

자전으로 생기는 낮과 밤을 따르는 것이 아닐까 생각했습니다만, 절반은 맞고 절반은 틀린 이야기였습니다. 왜냐하면 생명체를 낮과 밤이 없는 깜깜한 환경에 두어도 몇 주간 일주기 리듬이 유지되는 것을 확인할 수 있기 때문입니다. 예를 들어, 많은 식물들이 햇빛으로부터 더 많은 에너지를 받기 위해 낮 동안 잎을 위로 올리는데, 이러한 잎의 주기적인 움직임은 깜깜한 방에서도 일어납니다. 그리고 깜깜한 환경에서도 쥐는 약 23.7시간마다, 사람은 약 24.2시간마다 깨어나고 잠들기를 반복합니다. 이러한 연구 결과들은 생명 시스템이 주변 환경과 무관하게 시간을 알 수 있는 장치를 가지고 있음을 시사하는데, 2017년 노벨 생리의학상도 바로 이 장치와 그것의 분자적 메커니즘을 발견한 공로로 수여되었습니다.

우리 몸속에 생체 시계가 있다는 것은 해외여행을 가면 알게 됩니다. 바로 시차를 경험할 때입니다. 시차는 우리 몸속의 생체 시계가 알려주는 시간과 우리 주변 환경의 시간이 충돌하기에 발생하는 현상입니다. 다행히도 생체 시계는 빛에 의해 조정되어서 시간이 지나면 시차를 극복할 수 있습니다. 1시간의 시차를 극복하는 데는 대략 하루가 소요되지요.

하지만 해외를 가지 않더라도 시차를 경험할 때가 있습니다. 바로 금요일 밤입니다. 수많은 학생과 직장인이 금요일 밤마다 일주일 동안 공부하거나 일한 것을 보상받기 위해 늦게까지 잠에 들지 않습니다. 그런데 전날 늦게 잠들면 다음 날 늦은 시각까지 일어나지 않게 되는 법입니다. 그러면 우리의 생체 시계에 들어오던 빛도 다른 시각에 들어오게 되는데, 이때 우리 몸은 시차를 겪게 됩니다. 이를 '사회적 시차'라고 부르지요. 그 결과로 우리는 월요일에 등교하거나 출근해서 마치 해외에서 시차를 경험하듯이 피곤함을 느끼는 것입니다. 물론 주말에 규칙적으로 일어나고 잠들어도 월요일에 등교하거나 출근하는 것은 힘들겠지요. 덜 힘들 뿐. 그럼에도 금요일 밤 늦은 시각까지 깨어 있는 달콤함을 도저히 포기할 수 없다 싶다면, 스마트폰이나 스마트 TV에 설치되어 있는 청색광blue light 방지 프로그램을 사용하시기 바랍니다. 우리의 생체 시계는 청색광에 가장 민감하기 때문입니다.

노벨상 수상자들이 밝힌 생체 시계의 작동 원리

우리에게 시간을 알려주는 생체 시계는 어떻게 작동할까요? 우리 몸의 거의 모든 세포에서 피리어드 유전자period gene가 발현되었다 멈추기를 반복하고, 그로 인해 생성되는 피리어드 단백질 역시 증가와 감소를 반복합니다(그림 3.4). 그런데 반복되는 이 주기가 일정한데, 바로 24시간입니다. 유전자의 이름을 주기라는 뜻의 '피리어드'라고 명명한 이유도 여기에 있습니다. 24시간 주기로 증감을 반복하는 피리어드 단백질의 리듬은 외부 환경의 자극이나 정보 없이도 계속 유지됩니다. (배터리가 충분한) 손목시계를 깜깜한 서랍

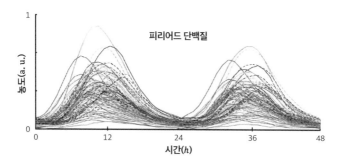

그림 3.4 24시간 주기로 증감을 반복하는 피리어드 단백질.

안에 넣어두어도 시침이 24시간마다 제자리로 돌아오는 것
처럼 말이지요. 이렇게 24시간 주기로 증감을 반복하는 피
리어드 단백질의 리듬 덕분에 우리 몸은 현재 시간을 알 수
있습니다.

그런데 피리어드 단백질의 증가와 감소는 어떻게 24시간
주기로 생겨나는 것일까요? 이 질문에 대한 답을 찾은 노벨
생리의학상 수상자들이 강조하듯이, 핵심은 전사 음성 피드
백 루프 transcriptional negative feedback loop 입니다. 말이 어렵지요?
이것을 이해하려면 먼저 분자생물학의 핵심 원리인 '센트럴
도그마 central dogma'를 알아야 합니다. 1958년 프랜시스 크릭

에 의해 처음 제안된 센트럴 도그마에 따르면, 유전 정보는 DNA에서 RNA로, 그리고 RNA에서 단백질로 전달됩니다(그림 3.5). 이 과정은 DNA의 유전 정보가 전달되어 mRNA가 만들어지는 전사transcription와, mRNA의 유전 정보가 전달되어 단백질이 만들어지는 번역translation, 이렇게 두 단계로 나뉩니다.

전사: DNA → DNA + mRNA

번역: mRNA → mRNA + 단백질

전사와 번역에서 DNA와 mRNA는 빵을 만드는 틀과 같습니다. 반응이 일어난 다음에도 틀은 사라지지 않기에 화살표를 중심으로 왼쪽과 오른쪽에 동일하게 남아 있고, 오른쪽에는 새롭게 만들어지는 mRNA와 단백질이 자리합니다. 전사는 세포핵 안에서 일어나는데, DNA의 프로모터라는 부위에 RNA 중합효소RNA Polymerase가 결합해 DNA 염기 서열을 복제한 mRNA가 만들어지는 과정입니다. 복제하는 것이기에 '전사'라고 부릅니다. 이렇게 전사된 mRNA는 세포질로 나가는데, 이때 리보솜ribosome에 의해 염기 서열이 해독

1. DNA 합성(복제)

DNA 이중나선의 두 가닥이 분리되면서 새로운 DNA를 합성한다.

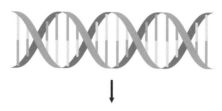

2. RNA 합성(전사)

DNA 유전 정보인 염기서열에 따라 RNA 염기서열이 유전 정보를 전달한다.

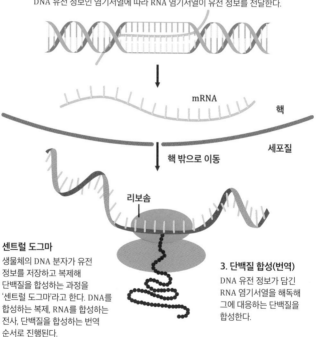

mRNA

핵

세포질

핵 밖으로 이동

리보솜

센트럴 도그마

생물체의 DNA 분자가 유전 정보를 저장하고 복제해 단백질을 합성하는 과정을 '센트럴 도그마'라고 한다. DNA를 합성하는 복제, RNA를 합성하는 전사, 단백질을 합성하는 번역 순서로 진행된다.

3. 단백질 합성(번역)

DNA 유전 정보가 담긴 RNA 염기서열을 해독해 그에 대응하는 단백질을 합성한다.

그림 3.5 mRNA가 만들어지는 전사와 단백질이 만들어지는 번역.

되어 이에 대응하는 단백질이 만들어집니다. 이것이 번역입니다. 단백질을 만들기 위해서는 mRNA 정보를 아미노산 정보로 변경해야 하기 때문에, 복사를 뜻하는 '전사'가 아닌 '번역'이라는 표현을 사용합니다.

피리어드 단백질도 이러한 전사와 번역을 거쳐 만들어집니다. 그런데 피리어드 mRNA의 전사는 DNA 프로모터 부위에 RNA 중합효소가 결합한다고 일어나지는 않습니다. 전사 인자transcription factor[1]인 클록CLOCK 단백질이 함께 결합해야 합니다. 클록 단백질이 피리어드 DNA 프로모터에 결합되면 비로소 피리어드 mRNA가 만들어지고, mRNA는 핵 밖으로 나가 피리어드 단백질로 번역됩니다. 그 결과로 세포 내에서 피리어드 단백질의 농도는 증가합니다(그림 3.6 위).

12시간 정도 지나 피리어드 단백질의 농도가 충분히 높아지면, 피리어드 단백질은 세포핵으로 이동해 클록 단백질과 결합함으로써 클록 단백질이 더 이상 일을 하지 못하도록

---

1 원핵생물의 전사는 DNA의 전사 시작점인 프로모터에 RNA 중합효소가 직접 결합함으로써 시작됩니다. 그러나 진핵생물의 전사에는 보다 복잡한 과정이 필요한데, 진핵생물의 RNA 중합효소 II는 곧바로 프로모터에 결합해 전사를 시작할 수 없고 전사 인자인 다양한 조절 단백질이 염색체 위에서 조립된 다음에만 결합됩니다.

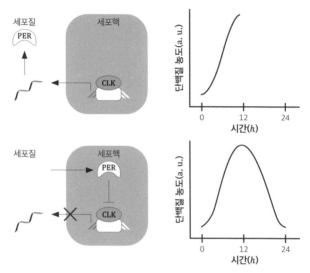

그림 3.6 12시간 간격으로 증가(위)하고 감소(아래)하는 피리어드 단백질의 농도.

만들고, 자신의 전사를 스스로 억제하는 음성 피드백 루프를 형성합니다. 그러면 증가하던 피리어드 단백질의 농도는 점점 감소하며, 12시간 후에는 피리어드 단백질이 모두 사라집니다(그림 3.6 아래).

피리어드 단백질이 모두 사라지고 나면 피리어드 단백질과 결합해 작동하지 않았던 클록 단백질도 다시 작동하게 되고, 피리어드 단백질도 다시 만들어지기 시작합니다. 이런 방식으로 음성 피드백 루프는 피리어드 유전자의 활동을 주기적으로 조절합니다. 피리어드 단백질이 12시간 증가하다가 12시간 감소하는 24시간의 주기를 유지하도록 말이지요.

피리어드 단백질의 증가가 주기적으로 피리어드 단백질 생산의 억제로 이어지는 이러한 음성 피드백 루프는 노벨상을 받을 만큼 널리 알려진 개념이고, 이는 생체 시계를 소개하는 논문이나 교과서라면 어디서나 찾을 수 있습니다. 하지만 이 설명을 처음 들었을 때 무언가 의심스럽고 이상하다는 느낌을 떨치기가 어려웠습니다. 고등학교 생물 시간에 배운 내용과 상충하는 것처럼 보였기 때문입니다. 고등학생 시절, 음성 피드백 루프는 체온이나 호르몬의 양을 일정하게 유지하는 이른바 '항상성'을 유지하기 위해 필요하다고 배웠습니다. 다시 말해, 음성 피드백 루프는 체온이 올라가면 억제함으로써 다시 내려가게 하고, 내려가면 다시 올려줌으로써 일정한 체온을 유지하게 해준다고 배웠습니다(그림 3.7). 보일러가 음성 피드백 루프를 통해 실내 온도를 일정하게 유지해 주는 것과 마찬가지이지요. 이처럼 고등학생 때는 음성 피드백 루프가 일정한 상태를 유지하는 원리라고 배웠는데, 생체 시계 분야에서는 음성 피드백 루프가 일

체온 하락   체온 상승

체온 조절
(몸 떨기)

체온 조절
(땀 흘리기)

체온 상승   체온 하락

그림 3.7   우리 몸의 체온을 일정하게 유지해 주는 음성 피드백 루프.

정한 주기를 가지고 증감을 반복하게 하는 원리라고 말하니 의아했습니다.

수학이 드러낸 생체 시계의 또 다른 얼굴

이 궁금증을 해결하기 위해 생체 시계의 음성 피드백 루프를 미분방정식으로 묘사하는 수리 모델을 개발했습니다. 여기서 '수리 모델'이란 수리 모델링의 결과물을 말합니다. 물론 수리 모델을 구성하는 수식을 적기 전에는 노벨상 수상자들의 발견을 토대로 먼저 다음과 같이 수리 모델 다이어그램을 그렸지요(그림 3.8).

모델 다이어그램을 구성하는 요소는 각각 클록 단백질(A), 피리어드 mRNA(M), 피리어드 단백질(R_C), 핵 안으로 이동한 피리어드 단백질(R)입니다. 이들의 농도에 영향을 주는 생화학 반응들은 화살표로 표현되어 있고, 반응 속도 상수들은 화살표 위에 적어두었습니다. 예를 들어, 그림 3.8에서

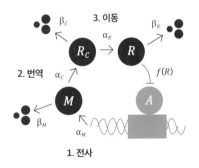

그림 3.8   음성 피드백 루프의 수리 모델 다이어그램.

전사를 묘사하는 화살표는 피리어드 mRNA(M)가 만들어지는 반응을 묘사한 것이고, 그 반응 속도 상수는 α_M입니다. 그리고 그 옆의 화살표는 mRNA(M)가 분해되는 반응을 묘사하는 것이고, 그 반응 속도 상수는 β_M입니다.

모델 다이어그램을 천천히 따라가다 보면, 이것이 노벨상 수상자들의 전사 음성 피드백 루프를 나타낸다는 것을 알 수 있습니다. 피리어드 유전자 프로모터에 클록 단백질(A)이 붙어 활성화되면 mRNA(M)가 전사되어 만들어집니다. 이렇게 만들어진 피리어드 mRNA(M)가 세포질에서 번역되면 피리어드 단백질(R_C)이 만들어지고, 이것이 핵 안으로 이동합니다. 이렇게 핵 안으로 이동한 피리어드 단백질(R)은 핵 안에서 클록 단백질(A)과 결합해 이것이 작동하지 못하게 합니다.

이제 모델 다이어그램을 미분방정식으로 번역해 봅시다. 모델 다이어그램을 구성하는 요소들은 변수로 표현되고, 화살표에 해당하는 생화학 반응들의 속도는 미분방정식의 항으로 표현됩니다. 먼저 세포질 안의 피리어드 단백질(R_C)을 보면, 단백질 안으로 들어오는 화살표가 1개, 밖으로 나가는 화살표가 2개 있습니다. 이는 피리어드 단백질(R_C)에 영향을

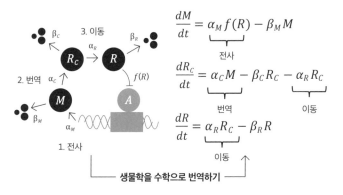

$$\frac{dM}{dt} = \alpha_M f(R) - \beta_M M$$

전사

$$\frac{dR_C}{dt} = \alpha_C M - \beta_C R_C - \alpha_R R_C$$

번역   이동

$$\frac{dR}{dt} = \alpha_R R_C - \beta_R R$$

이동

생물학을 수학으로 번역하기

그림 3.9   미분방정식으로 번역한 수리 모델 다이어그램.

미치는 반응이 모두 3개라는 뜻입니다. 단백질 안으로 들어오는 화살표는 피리어드 mRNA(M)에서 번역이 일어나 피리어드 단백질(R_C)이 만들어지는 것을 묘사하는데, 이 생산 속도는 피리어드 mRNA(M)의 농도에 비례하기에 $\alpha_C M$이 됩니다. 단백질에서 왼쪽으로 나가는 화살표는 피리어드 단백질(R_C)이 분해되는 것을 묘사하고, 그 속도는 자신의 농도에 비례하기에 $\beta_C R_C$가 됩니다. (2장에서 감염 세포가 죽는 속도가 감염 세포 수에 비례하는 것과 같은 이치입니다.) 오른쪽으로 나가는 화살표는 세포질에 있던 피리어드 단백질(R_C)이 핵 안으로 들어가 사라지는 것을 묘사하는데, 그 속도 역시 자신의 농도에 비례하기에 $\alpha_R R_C$가 됩니다. 피리어드 단백질(R_c)이 많아질수록 핵 안으로 들어가는 양도 많아지겠지요? 이제 피리어드 단백질(R_c)이 만들어지는 속도에서 감소하는 속도 2개를 빼면, 피리어드 단백질(R_c) 농도의 변화 속도를 묘사하는 미분방정식이 완성됩니다.

$$\frac{dR_C}{dt} = \alpha_C M - \beta_C R_C - \alpha_R R_C$$

핵 안의 피리어드 단백질(R)의 변화 속도를 나타내는 미분방정식도 유사한 방식으로 유도할 수 있습니다. 핵 안의 피리어드 단백질(R)이 증가하는 속도는 세포질에 있는 피리어드 단백질(R_c)이 유입되는 속도와 동일하기에 $\alpha_R R_C$입니다. 그리고 분해되는 속도는 자기 자신에 비례하기에 $\beta_R R$이 됩니다. 따라서 핵 안의 피리어드 단백질을 묘사하는 미분방정식은 다음과 같습니다.

$$\frac{dR}{dt} = \alpha_R R_C - \beta_R R$$

마지막으로 피리어드 mRNA(M)의 변화를 묘사하는 미분방정식을 보면, 전사가 일어남에 따라 피리어드 mRNA(M)가 증가하는 속도 $\alpha_M f(R)$과 분해가 일어남에 따라 감소하는 속도 $\beta_M M$의 차이로 표현되어 있습니다. $f(R)$은 전사가 일어날 확률인데, 이는 피리어드 DNA 프로모터에 클록 단백질(A)이 붙어 있을 확률과 동일합니다. 그런데 클록 단백질은 피리어드 단백질(R)에 의해 방해받기 때문에, $f(R)$은 R이 많아질수록 감소하는 함수일 것입니다. 그러면 지금부터 $f(R)$을 구해봅시다.

클록 단백질(A)이 피리어드 단백질(R)과 만나지 않고 자유로운 상태에서 피리어드 유전자 프로모터 부위에 붙으면 피리어드 mRNA(M) 전사가 일어납니다. 반면 클록 단백질(A)이 피리어드 단백질(R)과 만난 상태에서 피리어드 유전자 프로모터 부위에 붙으면 피리어드 mRNA(M) 전사가 일어나지 않습니다. 모든 클록 단백질(A)이 홀로 있으면 전사가 일어날 확률이 100퍼센트가 되고, 모든 클록 단백질(A)이 피리어드 단백질(R)과 만난 상태라면 전사가 일어날 확률이 0퍼센트가 되겠지요. 클록 단백질(A) 중 30퍼센트는 자유롭게 있고 70퍼센트는 피리어드 단백질과 만난 상태에

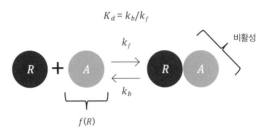

$$K_d = k_b/k_f$$

비활성

$$k_f$$

$$k_b$$

$$f(R)$$

그림 3.10 클록 단백질(A)과 피리어드 단백질(R)의 결합을 묘사하는 다이어그램.

있다면 어떨까요? 전사 확률은 30퍼센트입니다. 다시 말해, 전사가 일어날 확률은 클록 단백질 중 피리어드 단백질과 만나지 않고 홀로 있는 비율과 동일합니다. 따라서 전사가 일어날 확률인 $f(R)$은 클록 단백질(A) 중 피리어드 단백질(R)을 만나지 않고 홀로 있는 비율과 동일합니다(그림 3.10). 그 비율은 다음과 같습니다.

$$f(R) = \frac{A - R - K_d + \sqrt{(A - R - K_d)^2 + 4K_d A}}{2A}$$

이 식은 A와 R의 결합 강도를 나타내는 해리 상수가 K_d일 때, A가 R과 붙어 있지 않아 DNA에 붙을 확률을 특이 섭동 이론^{singular perturbation theory}을 이용해 계산한 것입니다. 겉으로는 복잡해 보이지만 무언가 익숙한 느낌도 들 것입니다. 다름 아니라 중학생 때 열심히 외운 2차 방정식 근의 공식을 사용해 유도한 식이기 때문입니다. 구체적으로 왜 이러한 식이 유도되는지는 7장에서 더 자세하게 설명하겠습니다. 이 식을 그래프로 그리면 R이 0일 때는 A가 자유롭게 있을 확률이 100퍼센트이고, R의 양이 많아질수록 이 확률은 감소합니다(그림 3.11). 또한 K_d가 작아지면 A와 R이 더 잘 결합하기 때문에, 이 경우에는 R의 농도가 올라갈수록 A가 자유롭게 있을 확률은 더 빨리 감소하게 됩니다. 특히, 이때 R의 양이 A와 비슷해지면서 R/A의 비율이 1에 가까워지면(그

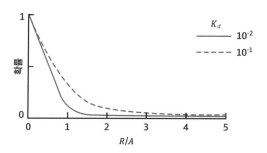

그림 3.11 R/A의 비율에 따라 A가 자유롭게 있을 확률.

림 3.11의 실선), 대부분의 A가 R과 만나게 되기에 A가 자유롭게 있을 확률도 0에 가까워집니다.

이제 이 $f(R)$을 미분방정식에 대입하면, 마침내 노벨상 수상자들이 찾은 생체 시계의 음성 피드백 루프를 수학의 언어로 번역하는 일을 모두 끝마친 것입니다! 이렇게 번역된 미분방정식을 컴퓨터로 계산해 생체 시계를 구성하는 요소들이 시간에 따라 어떻게 변화하는지를 보면, 음성피드백 루프가 주기적인 리듬을 만들어 내는지, 아니면 항상성을 유지하는지 알 수 있습니다.

미분방정식을 제대로 풀기 위해서는 각 분자들이 만들어지는 속도의 상수인 α_M, α_C, α_R과 분해 속도 상수인 β_M, β_C, β_R을 알아야 하는데, 이 값은 실험으로 측정하기 어려워 정확한 값을 아는 것이 거의 불가능합니다. 그래서 생물학적으로 가능한 범위 안에서 다양한 수들을 대입해 미분방정식을 풀어야 합니다. 그렇게 여러 값들을 대입해 미분방정식을 계산해 보았더니, 그림 3.12에서 보이듯이, 24시간 주기의 리듬이 나올 때도 있고 그렇지 않을 때도 있었습니다. 다시 말해, 음성 피드백 루프를 구성하는 화학 반응들의 속도 상수 값에 따라 24시간 주기의 리듬이 만들어질 때도 있었고(파란색

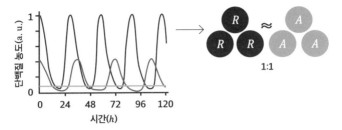

그림 3.12 반응 속도 상수의 값에 따른 피리어드 단백질 농도의 변화.

실선), 항상성을 유지할 때도 있었습니다(초록색 실선).

　이 연구에 본격적으로 착수할 때, 음성 피드백 루프가 주기적인 리듬을 만들어 내지 못해 노벨상 수상자들의 발견이 틀렸다는 것을 밝힐 수 있을까 하는 '야망'이 없지 않았습니다. 그런데 고등학교 교과서의 내용도 맞고 노벨상 수상자들의 발견도 맞다는 것을 알게 되었습니다. 헛수고를 한 것일까요? 아닙니다. 추가적인 분석을 통해 어떤 조건에서 24시간 주기의 리듬이 만들어지고 그렇지 않은지를 증명할 수 있었기 때문입니다.[1] 이에 관한 상세한 내용은 대학원 수준의 수학을 필요로 하기에 이 책에서 소개하지는 않겠지만, 그 결론은 간단합니다. 피리어드 단백질(R)과 클록 단백질(A)의 비율이 1:1 정도일 때 항상성이 아니라 리듬이 만들어진다는 것입니다.

수식을 통한 예측을 검증하려면 실험을 진행해야 합니다. 여러 실험실에 이 예측 결과를 소개하며 실험을 부탁했습니다. 하지만 예측을 검증하기 위해서는 몇 년간 실험을 진행해야 하는데, 수학과 대학원생의 예측을 검증하기 위해 장기간의 실험을 해주겠다는 연구자를 찾기란 여간 어려운 일이 아니었습니다. 그렇게 속절없이 시간이 흐르다 2년 정도 지났을 때 마침내 생체 시계 분야의 최고 석학 중 한 분인, 플로리다주립대학교 의과대학의 이주곤 교수님을 만나게 되었습니다. 마침 약을 이용해 피리어드의 생산 속도를 조절하는 유전자 조작 쥐를 개발한 상태였는데, 이 유전자 조작 쥐를 이용하면 수리 모델의 예측을 검증할 수 있었기에 감사하게도 실험을 진행해 주기로 한 것입니다.

먼저 이 유전자 조작 쥐를 깜깜한 케이지에 넣고 몇 주간의 행동을 기록했습니다. 그림 3.13에서 검은색 막대로 보이는 부분들은 쥐가 일어나 활발히 움직인다는 것을 나타냅니다. 첫 2주 동안에는 피리어드 단백질(R)과 클록 단백질(A) 비율을 1:1보다 크게 유지했는데, 쥐가 규칙적인 수면 패턴을 보이지 않았습니다. 이는 생체 시계가 작동하지 않았음을 시사합니다. 반면 2주 정도 지난 후 약의 농도를 조절해 비율을 1:1로 만들어 주었을 때는, 쥐의 생체 시계가 제대로 작동하며 규칙적인 수면 패턴을 보였습니다. 그래프를 보면 쥐가 매일 조금씩 일찍 일어나는 것을 알 수 있는데, 이는 쥐의 생체 시계 주기가 약 23.7시간이기 때문입니다. 매일 0.3시간씩 일찍 일어나는 것이지요. 이것으로 수리 모델로 예측한 1:1이라는 비율이 생체 시계가 음성 피드백 루프를 통해 24시간 주기의 리듬을 만들어 내는 핵심 원리임을 검증할 수 있었습니다.[2]

이 연구 덕분에 미시간대학교에서 최고의 수학박사 학위

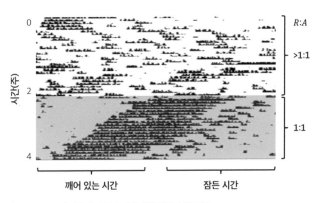

그림 3.13   R:A의 비율에 따른 유전자 조작 쥐의 수면 패턴.

논문에 수여하는 섬너비마이어스상^{Sumner B. Myers Prize}을 받았습니다. 한국인으로서는 최초였는데, 바로 다음 해에도 한국인 졸업생이 수상했습니다. 다름 아닌 최근 필즈상을 수상한 허준이 교수였습니다. 다시 생각해 보아도 먼저 태어나한 해 일찍 입학한 것이 참 다행입니다.

노벨상 수상자들이 발견한 생체 시계의 음성 피드백 루프로 다시 돌아가 봅시다(그림 3.14 왼쪽 위). 이 피드백 루프를

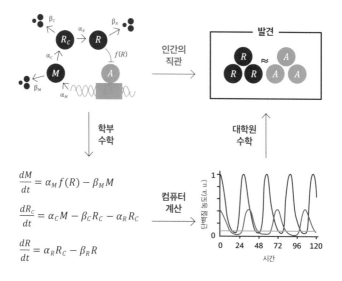

그림 3.14 직관으로는 알 수 없지만 수학과 컴퓨터로는 발견할 수 있는 패턴.

열심히 바라보고 골똘히 생각하다 보면 R과 A의 비율 1:1일 때 리듬이 만들어진다고 예상할 수 있을까요? 직관만으로는 결코 쉽지 않을 것입니다. 그저 획기적인 것을 넘어서 천재적인 발상마저 필요합니다. 반면 이 음성 피드백 루프를 미분방정식으로 묘사하는 것은 적절한 대학 수학 교육을 받은 사람이라면 해낼 수 있는 일이고(그림 3.14 왼쪽 아래), 이 미분방정식을 푸는 것도 기초 프로그램만 사용할 줄 알면 컴퓨터를 시켜 어렵지 않게 해낼 수 있습니다(그림 3.14 오른쪽 아래). 마지막으로 24시간 주기의 리듬이 나오는 조건을 찾는 것 역시 대학원에서 다루어지는 수학 내용을 열심히 따라간 이들이라면 어렵지 않게 해낼 수 있습니다. 따라서 수학을 이용하면 1:1이라는 비율이 중요하다는 결론에 자연스럽게 도달하게 됩니다. 즉, 우리의 직관만으로는 결코 떠올릴 수 없거나 천재적인 발상을 필요로 하는 예측을 수학을 이용해 손쉽게 표현할 수 있는 것이지요. 여기서 수학을 생명과학에 접목하는 중요한 이유 하나를 강조하고 싶습니다.

생명 현상을 컴퓨터가 이해하는 언어로 번역해 놀라운 패턴을 발견할 수 있습니다.

노벨상 수상자 가운데 한 명인 마이클 영^{Michael Young} 교수는 2015년에 출간한 논문에서 온도 보상^{temperature compensation} 메커니즘은 생체 시계 분야의 역사를 통틀어 가장 중요한 문제임에도 불구하고 우리가 그에 대해 거의 아는 것이 없다고 이야기했습니다.[3]

"생체 시계의 [세 가지 속성 중] 두 가지 속성에 대해서는 많은 것이 알려져 있습니다. 그러나 온도 보상은 생체 시계 분야의 역사 내내 핵심적인 문제였음에도 아직까지도 잘 설명되지 않습니다."

1954년에 처음 관측된 생체 시계의 온도 보상 현상은 수많은 연구자들이 그 메커니즘을 찾기 위해 노력했지만 실마리조차 찾지 못했었습니다. 그런데 마이클 영 교수가 이 문제에 대해 우리가 거의 아는 바가 없다고 말한 바로 그해, 저는 수학과 실험을 결합해 이 문제에서 큰 진전을 이루어 냈습니다.

온도 보상 현상이 도대체 무엇이기에 그토록 많은 연구자들이 도전하고 실패한 것일까요? 외부 온도가 섭씨 10도 정도 올라가면 에너지가 증가하며 화학 반응이 2~3배가량 빨라집니다. 그러면 생체 시계의 음성 피드백 루프를 구성하는 화학 반응들도 모두 빨라지게 되겠지요. 10도 정도 올라가면 피리어드 단백질을 만드는 속도도, 피리어드 단백질을 분해하는 속도도 2~3배 빨라질 것이라는 예상이 가능합니다. 그런데 피리어드 단백질이 증가하는 속도와 감소하는 속도가 2~3배 빨라지면, 피리어드 단백질의 농도가 오르락내리락 하는 주기도 24시간이 아니라 2~3배 짧아진 8~12시간이 될 것입니다. 큰일입니다! 환경에 따라 온도가 변하는 박테리아나 식물과 곤충의 생체 시계는 더 이상 제 역할을 할 수 없기 때문입니다. 손목시계가 봄, 여름, 가을, 겨울, 온도에 따라 속도가 달라진다면 시계라고 부를 수 없겠지요? 아! '항온동물'이라 불리는 우리의 체온도 변합니다. 몸에 열이 나면 갑자기 빨라지는 시계라니, 아무래도 문제 있지요?

이런 의문을 가지고 1950년대에 연구자들이 변온동물인 초파리로 실험을 진행했는데, 놀랍게도 온도가 올라가더라도 생체 시계 주기가 거의 변화하지 않고 오히려 살짝 느려진다는 것이 발견되었습니다.[4] 이를 바탕으로 생체 시계에는 온도가 올라감에 따라 생체 시계가 빨라지지 않도록 반대로 느리게 만들어 주는 메커니즘, 즉 온도 보상 메커니즘이 존재할 것이라는 가설이 세워졌습니다. 이후 기술이 발전해 포유류의 생체 시계도 실험실에서 배양할 수 있게 되었는데, 이번에도 실험실의 온도를 올려주었더니 유사하게 생체 시계 주기가 거의 변화하지 않고 살짝 길어지는 것이 관찰되었습니다.[5] 그림 3.15의 그래프와 같이, 온도가 10도 올라가

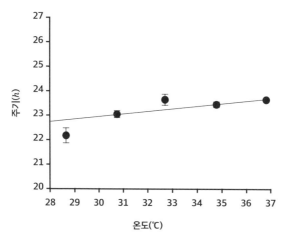

그림 3.15 온도가 올라갈수록 늘어나는 포유류의 생체 시계 주기.

더라도 생체 시계 주기가 0.5시간 더 길어지는 것을 관찰할 수 있습니다. 이로써 온도 보상 메커니즘을 대다수 생명체가 가지고 있다는 것이 확실해졌습니다. 그리고 정말 독특하게도, 생체 시계만이 온도 보상 메커니즘을 가지고 있다는 것도 밝혀졌습니다. 예를 들어, 대략 1초에 한 번씩 뛰는 심장 박동은 온도가 10도 올라가면 2배 더 빨리 뛰고, 세포가 분열하는 주기도 10도 올라가면 약 2분의 1로 짧아집니다.

모든 생체 시스템 가운데 오직 생체 시계만이 가지는 이 신기한 온도 보상 메커니즘을 찾기 위해 수많은 생명과학자들이 밤낮없이 수십 년간 도전했지만, 안타깝게도 그 답을 찾지는 못했습니다. 박사과정 당시 저 역시 직관적으로 전혀 이해되지 않는 이 매력적인 문제에 흥미가 생겼습니다. 지도교수인 대니얼 포저Daniel Forger에게 이 난제에 도전해 보고 싶다고 말씀드리자, 교수님의 표정이 곧바로 어두워졌습니다. 너무나 매력적인 문제라는 점에는 동의하지만 자신을 비롯해 수많은 연구자들이 몇십 년간 도전하다 실패한 성배와 같은 연구로서 실패 확률이 너무 높아 추천하지 않는다는 것이었습니다. 그래도 뜻을 굽히지 않자 고개를 절레절레하며 다음 날 저에게 논문으로 가득 찬 박스 2개를 가져다주었습니다. 본인이 학생 때부터 이 문제를 연구하면서 하나 둘 모아놓은 논문들인데, 이 논문들부터 읽어보며 얼마나 많은 이들이 어떻게 실패했는지 알아보라는 뜻이었습니다. 그렇게 여름방학을 수백 편의 논문을 읽고 정리하면서 보냈습니다. 다 읽고 나면 좋은 아이디어가 떠오르지 않을까 생각했지만, 아무리 공부해도 기존의 연구에서 제시된 아이디어 말고는 딱히 떠오르는 것이 없었습니다. 괜한 의욕에 소중한 방학을 헛되이 보낸 것 같아 너무나 속상했습니다. 그렇게 온도 보상 메커니즘은 저의 마음속에서 사라져 갔습니다.

이후 다른 연구들로 바쁜 시간을 보내던 박사과정 마지막 해에, 듀크-싱가포르국립대학 의과대학의 데이비드 버섭David Virshup 교수로부터 이메일 한 통을 받았습니다. 버섭 교수 연구실의 조민Zhou Min 박사가 피리어드 단백질의 분해 곡선을 측정했는데 모양이 이상하다는 것이었습니다. 분해 곡선을 측정할 때는 사이클로헥시미드cycloheximide, CHX라는 약을 이용해 세포 내 단백질의 생성을 막고 분해만 일어나도록 합니다. 보통 분해 곡선은 지수함수 모양으로 감소하기에 반감기를 측정할 수 있습니다. 이는 이전 장에서 다룬 수리 모델을 통해 예상해 볼 수 있습니다. 먼저 사이클로헥

그림 3.16 조민 박사와 데이비드 버섭 교수.

시미드를 사용하면 피리어드 단백질이 묘사하는 미분방정식에서 생산하는 항이 사라지고 분해되는 항만 남습니다.

$$\frac{dP}{dt} = \cancel{\alpha M} - \beta P$$
$$P = P(0)e^{-\beta t}$$

이제 이 미분방정식을 풀면 $P = P(0)e^{-\beta t}$가 됩니다. 2장에서 세포 증식을 묘사했던 식과 달리, 지수 부분이 음수이기에 감소하는 지수함수입니다. 그리고 t에 $\ln(2)/\beta$를 대입하면 $P = P(0)e^{-\ln(2)} = P(0)/2$가 되기에, 처음 단백질의

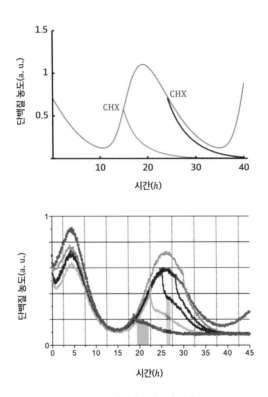

그림 3.17 예상한 분해 곡선(위)과 실제 분해 곡선(아래).

양에서 절반이 남는 데 걸리는 시간인 반감기는 $\ln(2)/\beta$가 됩니다. 그리고 이 반감기의 2배, 4배, …의 시간이 흐르면, 단백질의 양은 처음 양의 1/4, 1/8, …이 되는 것을 알 수 있습니다. 따라서 조민 박사는 피리어드 단백질도 다른 단백질들처럼 사이클로헥시미드를 가하는 순간 지수함수 모양으로 감소해 갈 것이라고 예상했습니다(그림 3.17 위). 그리고 하루 중 어느 시간에 사이클로헥사마이드를 가하더라도 반감기가 $\ln(2)/\beta$인 동일한 모양의 지수함수를 따라 분해되리라고 예상했습니다.

그런데 실제로 측정해 보니까 계단 모양 또는 의자 모양의 분해 곡선이 관찰되었습니다(그림 3.17 아래). 22시에 사이클로헥시미드를 가한 하늘색 분해 곡선을 보면, 처음에 급격히 아래로 떨어졌다가 조금 천천히 떨어지다가 다시 빠르게 떨어지는 것을 볼 수 있습니다. 또한 천천히 아래로 떨어지는 구간의 길이는 피리어드 단백질이 증가하기 시작하는 19시에 사이클로헥시미드를 가할 때 제일 길고, 사이클로헥시미드를 가하는 시간이 뒤로 갈수록 점점 짧아지다가 단백질이 감소하기 시작하는 30시에 이르러서는 아예 사라지는 것을 볼 수 있습니다. 다시 말해, 단백질 분해 곡선이 점점 지수함수 모양에 가까워지는 것을 관찰할 수 있습니다.

　이런 다양한 모양의 분해 곡선은 이전에 관찰된 적이 없었기에, 버섭 교수는 저에게 이런 모양이 왜 생기는지 수리 모델로 예측하는 것이 가능한지 물어보았던 것입니다. 이 분해 곡선이 의미하는 바는 생체 시계를 묘사하는 기존의 간단한 미분방정식에 잘못된 부분이 있다는 것이었기에, 메일을 받은 저는 이를 수정해 발전시키고 싶다는 '욕망'에 불타올랐습니다. 처음에는 이것이 어렵지 않을 것이라고 예상했는데, 몇 개월간 아무런 진전도 이루지 못했습니다. 버섭 교수와 포저 교수가 제시해 준 여러 가설을 기존의 수리 모델에 추가해 보기도 했지만, 그 가운데 어떠한 것도 의자 모양의 분해 곡선을 만들어 내지는 못했습니다.

　그렇게 몇 달간 지지부진한 상황으로 스트레스를 받으며 다시 기본으로 돌아가야겠다는 생각이 들었습니다. 특히, 단백질의 분해를 조절하는 기본 메커니즘과 관련된 내용을 다시 공부했습니다. 그러다 단백질의 인산화phosphorylation가 어떻게 분해에 적절한 모양으로 단백질을 변형해 분해를 유도하는지에 관한 논문을 읽었습니다. 그 논문으로 새로운 아이디어가 떠올라 노트에 스케치했고, 그로부터 몇 주간 아

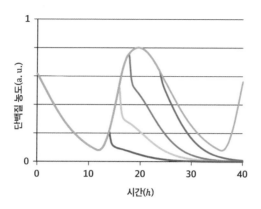

그림 3.18   수리 모델로 구현한 피리어드 단백질 분해 곡선.

이디어를 구현할 만한 수리 모델을 개발하기 위해 전력을 다했습니다. 그렇게 완성된 수리 모델의 미분방정식을 풀자, 마침내 그토록 원하던 의자 모양의 분해 곡선이 나타났습니다(그림 3.18)! 피리어드 단백질이 증가하는 시간에 사이클로헥시미드를 가하면 분해 곡선에서 천천히 떨어지는 구간의 길이가 길어지고, 감소하는 시간에 가하면 사라지는 것도 구현되었지요.

저는 의자 모양의 분해 곡선을 구현해 주는 이 모델에 '인산화 스위치 모델'이라는 이름을 붙였습니다. 기존의 간단한 음성 피드백 루프 모델에서 피리어드 단백질의 분해 과정을 변형한 모델이지요. 기존에도 피리어드 단백질이 인산화되면 분해가 이루어진다는 것이 알려져 있었지만, 여기에 새로운 아이디어를 추가했습니다. 먼저 피리어드 단백질에 인산화가 일어날 수 있는 자리가 여럿이라고 가정했습니다. 여기서 빠른 분해 자리(그림 3.19의 붉은 점)에 인산화가 일어나면, 피리어드 단백질(PER)이 분해에 적절한 모양으로 즉각 변형되어 분해됩니다. 반면 느린 분해 자리(그림 3.19의 하늘색 점)에 인산화가 일어나면, 인산화가 여러 번 일어나야만 분해되는 모양으로 바뀌어 천천히 분해됩니다. 첫 번째 인산화 위치

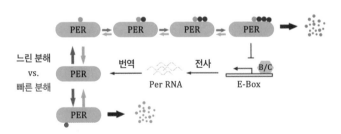

그림 3.19 인산화 위치에 따라 빠르거나 느리게 일어나는 분해 과정.

에 따라 피리어드 단백질의 분해 과정은 마치 고속도로 1차로로 달리는 것처럼 빠르게, 아니면 2차로로 달리는 것처럼 천천히 일어나는 것이지요. 이렇게 첫 번째 인산화 위치에 따라 빠른 분해가 작동하거나 작동하지 않기에 '인산화 스위치 모델'이라고 부른 것입니다.

그러면 인산화 스위치 모델은 어떻게 의자 모양의 분해 곡선(그림 3.18)을 만들어 내는 것일까요? 피리어드 단백질이 만들어지면, 일부는 빠른 분해 자리에서 인산화가 일어나고 일부는 느린 분해 자리에서 인산화가 일어납니다. 이때 사이클로헥시미드를 가해 피리어드 단백질의 생산을 막고 나서 분해 곡선을 측정하면, 빠른 분해 자리에서 인산화된 단백질은 즉각 분해되며 의자 모양(등받이 모양)의 분해 곡선을 만들어 냅니다. 이제 남은 피리어드 단백질은 모두 느린 분해 자리에서 인산화되는 것들이라, 긴 시간 동안 더디게 분해되며 분해 곡선에서 평평한 부분을 만들어 냅니다. 그리고 시간이 어느 정도 지나 느린 분해 자리 주변에서 추가적인 인산화가 이루어지면, 다시 떨어지는 모양을 만들어 내는 것이지요.

그렇다면 분해 곡선은 왜 피리어드 단백질이 증가하는 시기에는 평평해지고, 피리어드 단백질이 감소하는 시기에는 지수함수 모양에 가까워지는 것일까요(그림 3.18)? 다시 말해, 피리어드 단백질의 증감 시기에 따라 분해 곡선의 모양이 크게 달라지는 이유는 무엇일까요? 인산화 스위치 모델은 사용하면 이것도 설명할 수 있습니다. 즉, 피리어드 단백질이 처음 만들어지며 증가하는 시기에는 피리어드 단백질들이 아직 인산화되지 않았기에 추가적인 인산화가 다 일어나 감소하기까지 오랜 시간이 걸립니다. 그러니 평평한 구간이 생기지요. 반면 피리어드 단백질이 감소하는 시기에는 이미 만들어진 피리어드 단백질들이 이미 어느 정도 인산화되어 있기에 추가적인 인산화로 곧 분해됩니다. 그러니 천천히 평평한 구간이 사라지는 것입니다.

버섭 교수와 조민 박사에게 시뮬레이션 결과를 보여주었더니, 그들은 충분히 설득력 있는 모델이라며 곧바로 실험을 통한 검증에 착수하겠다고 말했습니다. 그로부터 6개월 후, 저는 피리어드 단백질에 실제로 인산화 스위치가 존재한다는 실험 결과를 전해 들었지요. 그리고 나서는 인산화 스위치 모델과 이에 관한 실험을 결합해 논문을 작성해 갔습니다. 하지만 논문을 쓰는 과정에서 떠오른 질문 하나가

머릿속을 끊임없이 맴돌며 논문의 완성을 방해했습니다.

다른 단백질은 그렇지 않은데, 피리어드 단백질은 왜 이렇게 복잡한 과정으로 분해되는 것이지?

이 의문은 저의 머릿속을 떠나지 않으며 저를 괴롭혔습니다. 논문 쓰기를 멈추고 몇 달간 온갖 아이디어를 테스트해 보았지만 소용없었습니다. 이제는 정말 포기해야겠다는 생각이 들 때, 사무실 한구석 먼지가 수북이 쌓인 박스들이 눈에 들어왔습니다. 몇 년 전 지도교수님이 가져다준 온도 보상 메커니즘에 관한 논문들이 담긴 박스였습니다. 그 순간, 이 질문에 대한 답이 온도 보상 메커니즘일지도 모른다는 생각이 들었습니다.

온도 보상 메커니즘의 핵심은 온도가 내려가서 모든 반응이 느려짐에도 피리어드 단백질의 분해 속도는 오히려 빨라지며 분해 주기를 약 24시간으로 유지해 주는 것인데, 인산화 스위치가 바로 그 역할을 수행하는 것이 아닐까 하는 생각이 든 것이었지요. 즉, 온도가 내려가면 빠른 분해 자리에서나 느린 분해 자리에서나 인산화 과정이 모두 느려질 텐

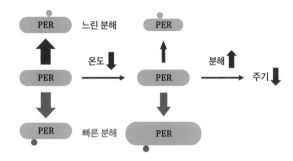

그림 3.20 온도 변화와 반대로 피리어드 단백질의 분해 속도가 변하는 과정. 온도가 내려가면 인산화가 느려지는데, 느린 분해 자리(하늘색 점)에서의 인산화가 빠른 분해 자리(붉은 점)에서의 인산화보다 더 많이 느려지면 빠른 분해 자리에서 인산화되는 단백질의 비율이 증가한다. 그 결과로 분해 속도는 오히려 빨라지고 생체 시계 주기는 느려진다.

데, 만약 느린 분해 자리에서 일어나는 인산화가 온도에 더 민감해 상대적으로 더 느려진다고 생각해 봅시다(그림 3.20). 그러면 대부분의 피리어드 단백질은 느린 분해 과정이 아니라 빠른 분해 과정을 통해 분해될 것입니다. 2차로에서 천천히 달리는 차들을 모두 1차로로 옮기면 전체 자동차의 속도는 증가하겠지요. 이러한 아이디어를 바탕으로 인산화 스위치 모델을 여러 온도에서 시뮬레이션했더니, 온도가 내려가면 오히려 피리어드 단백질의 분해 속도가 빨라지는 것이 관찰되었습니다. 그에 따라 역설적으로 분해 주기도 살짝 짧아졌지요.

이 결과를 버섭 교수와 조민 박사에게 전달했고, 그들은 인산화 스위치가 고장 나면 생체 시계가 온도 보상 메커니즘을 잃게 되는지 거의 1년 동안 실험을 이어나갔습니다. 그 사이 저는 박사과정을 끝마치고 오하이오주의 콜럼버스에 위치한 수리생물학연구소 Mathematical Biosciences Institute 에서 박사후 연구원으로 발을 떼었지요. 그러던 2014년 가을 어느 날, 싱가포르에서 이메일 하나가 날아들었습니다. 인산화 스위치가 고장 나면 온도 변화에 따른 생체 시계의 주기도 급격히 바뀌어 온도 보상이 더 이상 일어나지 않는다는 실험 결과였습니다. 사무실에서 처음 결과를 보고 너무 흥분한 나머지 크게 환호성을 질렀는데, 다른 사무실의 연구자들이 찾아올 정도였습니다. 수학과 실험을 결합한 3년간의 공동 연구가 60여 년간 풀리지 않던 난제의 실마리를 드러낸 순간이었습니다.

이 연구는 「피리어드 단백질 인산화 스위치와 일주기 온도 보상 메커니즘 A Period2 Phosphoswitch Regulates and Temperature Compensates Circadian Period 」이라는 논문으로 2015년 가을 《몰

레큘러 셀$^{Molecular Cell}$》을 통해 출간되었습니다.[6] 이 논문에서는 저의 소속이 미시간대학교, 오하이오주립대학교, KAIST로 되어 있는데, 이는 대학원생 때 시작된 연구가 박사후 연구원을 거쳐 교수로 일할 때까지 이어진 덕분입니다. 그 후 지금까지 추가적인 연구를 통해 왜 온도에 따라 느린 분해 자리가 빠른 분해 자리에 비해 더 민감한지도 알게 되었고, 생체 시계 분야의 많은 연구자들이 수리 모델로 밝힌 인산화 스위치를 연구하게 되었습니다.

피리어드 단백질의 인산화를 수십 년간 연구한 세계적인 학자인 버섭 교수에게 피리어드 단백질이 인산화 스위치를 통해 분해된다고 설명할 수 있었던 이유는 모두 생명 현상을 수학으로 번역해 컴퓨터로 계산할 수 있었기 때문입니다. 그리고 인산화 스위치가 생체 시계 분야의 최대 난제인 온도 보상 메커니즘일 수 있음을 예상한 것도 모두 미분방정식 덕분이었습니다. 수학을 생명과학에 접목하는 이유를 다시 한번 강조하고 싶습니다.

생명 현상을 컴퓨터가 이해하는 언어로 번역해 놀라운 패턴을 발견할 수 있습니다.

2017년, 생체 시계에 관한 일련의 연구로 국제 기구인 휴먼 프런티어 과학 프로그램Human Frontier Science Program, HFSP 으로부터 연구비를 지원받았습니다. HFSP는 지난 1989년 G7 회원국을 중심으로 생명과학 분야의 첨단 연구를 촉진하기 위해 설립되어 매년 연구자들을 선정해 연구비를 지원해 주는데요. HFSP 연구비는 그 지원 대상자 가운데 총 26명이 노벨상을 수상해 '노벨상 펀드'라고도 불리지요. 생명과학 분야에서 가장 영예로운 연구비 중 하나인 만큼 치열한 경쟁을 거치지 않고서는 연구비를 받을 수 없는데, 저에게는 HFSP 연구비로 풀고 싶은 문제, 생체 시계의 음성 피드백 루프에 관해 오랜 시간 품고 있던 또 다른 문제가 하나 있었습니다.

생체 시계의 음성 피드백 루프가 24시간 주기의 리듬을 만들어 내기 위해서는 12시간 동안 만들어진 피리어드 단백질이 핵 안으로 들어가 클록 단백질이 작동하지 않도록 해야 합니다. 그런데 피리어드 단백질은 어떻게 매일 12시간마다 정확하게 핵 안으로 들어가는 것일까요? 세포 안의 복잡한 미로를 이동한 수천 개의 피리어드 단백질이 핵 안으로 한꺼번에 들어간다는 것인데, 이것이 어떻게 가능한 것일까요? 이는 마치 서울 각지에서 출발한 수천 명의 학생이 혼잡한 도로를 가로질러 매일 정확히 같은 시간에 등교하는 것과 같습니다. 분명 먼저 만들어진 피리어드 단백질은 핵 주변에 먼저 도착해 핵 안으로 들어갈 것만 같은데, 어떻게 다 같이 들어가는지 의문이었습니다.

이 문제를 해결하기 위해 플로리다주립대학교 이주곤 교수님과 함께 피리어드 단백질이 실제로 핵 안에서 어떻게 움직이는지를 추적해 보았습니다. 피리어드 단백질에 초록

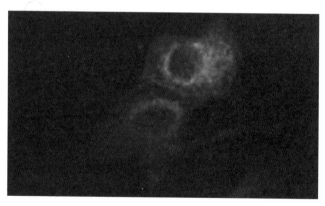

그림 3.21　핵 주변에 모여 고리 모양을 만드는 피리어드 단백질들.

색 발광 단백질을 붙인 다음 피리어드 단백질의 움직임을 관찰했는데, 그 움직임은 예상과 달랐습니다. 놀랍게도 피리어드 단백질들이 핵 주변에 모여 하나의 고리 모양을 만드는 것이 보였습니다(그림 3.21). 이는 핵 주변에 도착한 피리어드 단백질들이 다른 단백질들이 모두 도착할 때까지 기다린다는 것을 의미했습니다. 피리어드 단백질들이 모두 도착했을 때 핵 안으로 다 같이 들어가는 것도 관찰할 수 있었지요. 다시 말해, 학교 정문에 먼저 도착한 학생들이 서울 각지에서 등교하는 모든 학생이 도착할 때까지 기다렸다가 한꺼번에 정문을 통과하는 것과 다름없는데, 도대체 이러한 엄청난 '우정'이 피리어드 단백질들 사이에서 어떻게 형성되는 것인지 너무나 궁금했습니다.

이를 이해하려면 먼저 세포 안 피리어드들의 움직임을 묘사해야 합니다. 그런데 그러기 위해서는 우리가 지금까지 다루었던 미분방정식과는 다른 방법을 사용해야 합니다. 우리가 사용한 미분방정식은 시간에 따라 분자들의 농도가 어떻게 바뀌는지를 묘사하는 식이었는데, 지금의 상황에서는 분자들의 농도 변화뿐만 아니라 분자들이 세포 안에서 어떻게 이동하는지도 묘사해야 하기 때문입니다. 이것을 묘사

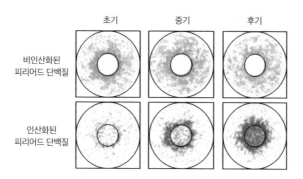

초기 중기 후기

비인산화된
피리어드 단백질

인산화된
피리어드 단백질

그림 3.22 피리어드 단백질들이 시간에 따라 세포 안에서 이동하는 모습.

하는 데 유용한 방법이 하나 있는데, 바로 편미분방정식입
니다. 편미분방정식을 이용하면, 피리어드 단백질들이 그림
3.22와 같이 세포 안에서 시간에 따라 어떻게 움직이는지를
묘사할 수 있습니다.

실제로 편미분방정식을 이용해 개발한 수리 모델은 피리
어드 단백질이 어떻게 핵 주변에 모여 있다가 다 같이 핵 안
으로 들어가는지를 밝혀냈습니다. 이것이 어떻게 가능한지
만 잠깐 알아봅시다. 피리어드 단백질이 핵 안으로 들어가
려면 인산화되어 구조가 변형되어야 합니다. 그런데 피리어
드 단백질의 인산화 스위치를 통해 인산화가 일어나려면,

피리어드 단백질의 농도가 충분히 높아야 된다는 것을 알게 되었습니다. 이러한 피리어드 단백질의 인산화 성질로 인해 피리어드 단백질이 핵 안으로 다 같이 들어가는 것입니다. 앞의 시뮬레이션 결과를 보면, 처음에는 인산화되지 않은 피리어드 단백질(그림 3.22 주황색 점)이 핵 주변으로 모입니다. 하지만 이 시점에는 핵 주변에 모인 피리어드 단백질의 농도가 충분히 높지 않아 인산화된 피리어드 단백질 (그림 3.22 보라색 점)의 수도 매우 적습니다. 시간이 조금 더 지나 더 많은 피리어드 단백질이 핵 주변에 쌓이면, 충분히 높은 농도에 이르러 마침내 다 같이 인산화가 일어납니다. 그러고 나면 모두 자연스레 핵 안으로 들어가게 되지요. 피리어드 단백질들 사이의 '우정' 메커니즘은 피리어드 단백질의 인산화였던 것입니다.

이 결과를 보고 생명 현상의 현명함에 다시 한번 경외감을 가지게 되었습니다. 만약 이러한 메커니즘이 없었다고 상상해 봅시다. 즉, 핵 주변에 먼저 도착하는 피리어드 단백질은 핵 안으로 먼저 들어가 클록 단백질과 결합한다고 생각해 봅시다. 한 학생이 서울 외각에서 매일 아침 복잡한 교통 체증을 뚫고 서울 중심부에 있는 학교를 향한다면, 이 학생이 학교 정문에 도착하는 시간은 일정할까요? 꽤나 불규칙할 것입니다. 하물며 확산^{diffusion}을 통해 핵 주변으로 움직이는 피리어드 단백질은 어떨까요? 빨리 도착하면 몇 분 안에 도착하겠지만 오래 걸리면 몇 시간이나 걸릴 것입니다. 따라서 어떤 날은 피리어드 단백질이 몇 분 만에 핵 안으로 들어가지만, 어떤 날은 몇 시간 후에나 들어갈 것입니다. 이런 조건에서는 매일 일정한 시간에 클록 단백질들과 결합함으로써 안정적으로 24시간 주기의 리듬을 만들어 내는 것이 불가능합니다.

한편 하나의 피리어드 단백질이 핵 주변에 도착하는 시간은 매일 크게 변하지만, 피리어드 단백질 수천 개가 핵 주변에 도착하는 평균 시간은 매일 유사할 수 있습니다. 피리어드 단백질 하나가 핵 주변에 도착하는 시간의 분산보다 피리어드 단백질 1,000개가 도착하는 평균 시간의 분산이 1,000배 더 작기 때문입니다(그림 3.23). 개인은 부정확하지만 집단은 매우 정확할 수 있다는 이 원리를 생체 시계가 현명하게 이용하는 것입니다. 다시 말해, 인산화가 일어나는 시점을 하나의 피리어드 단백질로 결정하는 것이 아니라 다수의 피리어드 단백질로 결정함으로써 피리어드 단백질들이 매

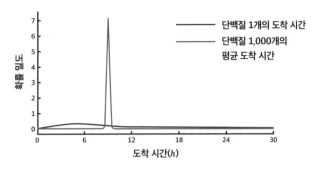

그림 3.23 피리어드 단백질이 1개 또는 1,000개인 경우의 도착 시간 분포.

일 일정한 시간에 핵 안으로 들어가도록 하는 것입니다.

호기심에서 출발한 연구였지만, 이 연구 덕분에 불안정한 수면의 새로운 원인과 새로운 치료법도 발견할 수 있었습니다. 지방 액포와 같은 물질들이 세포 안에 과도하게 많아짐에 따라 세포가 지나치게 혼잡해지면, 피리어드 단백질이 핵 주변으로 오는 것이 어려워지고 핵 주변에 쌓이지도 않게 되는데요. 그러면 인산화가 한꺼번에 이루어지지 않아 피리어드 단백질이 핵 안으로 들어가는 시간이 부정확해지고, 그 결과로 생체 시계도 부정확해질 것이라고 예측한 것이지요.

이러한 예측은 이주곤 교수님의 연구 팀에서 실험으로 검증되었습니다. 쥐의 세포에 혼잡을 유발했을 때, 생체 시계가 부정확해지고 그 결과로 쥐의 수면 사이클이 매우 불안정해진다는 것을 확인했습니다. 더 나아가 비만, 치매, 노화가 수면 사이클을 불안정하게 만드는 주요한 이유도 세포 내 혼잡에 있다는 점을 규명했지요. 이는 세포 내 혼잡을 해소하는 일이 수면 질환의 치료에 핵심적이라는 것을 의미하기에, 수면 질환 치료의 새로운 패러다임을 제시한 것으로 인정받았습니다.

4장

병원으로
출근하는
수학자

생활고로 시작한 생애 첫 연구

한국에서와 달리 미국에서는 겨울방학이 크리스마스부터 새해 연휴까지 2주 정도로 매우 짧고, 여름방학은 4개월로 매우 긴 편입니다. 실질적으로는 여름방학밖에 없는 셈이지요. 다사다난했던 박사과정의 첫해를 끝마치고, 기다리고 기다렸던 여름방학을 바로 눈앞에 두고 있을 때였습니다. 그런 그때 청천벽력과 같은 소식을 전해 들었습니다. 방학 동안에는 월급을 받을 수 없다는 것이었습니다! 분명 수학과 강사로서 5년간 매달 1,800달러를 보장받는 조건으로 입학

한 것인데 어찌된 일일까요? 조건을 명시한 서류를 잘 읽어 보았어야 했는데, 자세히 읽어보니 방학 때는 강의를 하지 않기에 여름방학 4개월간은 급여가 없다고 명시되어 있었습니다.

첫째가 갓 태어난 시기라, 집세 1,200달러를 지불하고 남은 600달러로 가족 셋이 빠듯하게 살고 있어서 저축한 돈도 없었습니다. 영어가 유창한 친구들은 방학 때 개설되는 계절 학기의 강의를 맡아 생활비를 충당했지만 저에게는 그런 기회조차 없었습니다. 방학 내내 월급을 받을 수 없다고 하니, 생계를 어떻게 유지할지 막막할 뿐이었지요.

이런 상황에서 갓 부임한 신임 교수인 대니얼 포저로부터 차 한잔 마실 여유가 있는지 연락을 받게 되었습니다. 요지는 보스턴에 본사를 두고 있는 글로벌 제약회사 화이자에서 연구비를 지원받아 연구를 수행해야 하는데 아직 같이할 학생이 없다는 것이었습니다. 사실 '생체 시계'라는 단어도 그 자리에서 처음 들어보았고, 입학 때부터 줄곧 지도교수로 삼고 싶었던 다른 교수님과 방학 동안 함께 공부하기로 한 터라 망설일 수밖에 없었습니다. 그런데 포저 교수님이 덧붙인 말 한마디를 듣고는 아무런 고민 없이 곧바로 수락했습니다. 프로젝트에 참여하면 방학 동안 1만 달러를 지급해 준다는 것이었습니다.

학문적 호기심과는 무관하게 그저 생계를 위해 시작한 연구였지만, 알면 알수록 생체 시계라는 시스템은 너무나도 매력적이었습니다. 박사과정 동안 생체 시계를 주제로 연구하겠다는 결심과 함께, 입학 때부터 마음에 두었던 교수님이 아닌 대니얼 포저 교수님에게 지도받겠다는 결심마저 세우게 되었지요. 저의 박사학위 논문이「수학 모델링과 세포 시계의 분석Mathematical Modeling and Analysis of Cellular Clocks」인 것처럼, 생체 시계는 저의 연구 인생 최초의 키워드이자 지금까지도 열심히 연구하고 있는 분야입니다. 인터뷰 자리에서 가끔 생체 시계를 어떻게 연구하게 되었는지 질문을 받는데, 그럴 때마다 저는 거창한 이유가 있는 것이 아니고 생활고 때문이었다고 답합니다. 대학원 진학을 앞두고 이런저런 연구를 이어가고 싶다는 학생들과 면담할 때도 똑같은 이야기를 들려줍니다. 대학원에 진학하고 나면 그 전에 무엇을 상상하든 그보다 새로운 일이 생길 것이기에 목표를 너무 명확하게 세우지 않아도 괜찮다는 뜻이지요. 최대한 여러 교수님과 이야기를 나누어 보고 간단한 연구라도 참여해 보라는 조언도 빼놓지 않습니다.

화이자에서 개발하고자 한 신약은 시차와 관련 있었습니다. 손목시계 옆에는 시간을 조정할 수 있는 버튼이 있습니다. 우리의 생체 시계에도 이러한 조정 버튼이 있는데, 바로 시신경을 통해 들어온 빛의 정보입니다. 미국이나 유럽으로 여행을 갔을 때 시차에 적응해야 하는 이유도 생체 시계는 한국 시간에 머물러 있는데 눈으로 들어오는 주변 빛의 정보는 미국 시간을 가리키기 때문입니다. 서로 충돌이 일어나는 것이지요. 그런데 이렇게 충돌이 일어나면 생체 시계도 충돌을 인지하고 하루에 1시간씩 시간을 조정합니다. 예를 들어, 미국의 경우에는 약 12시간의 시차가 있기에 12일 정도를 기다려야 시차에 적응할 수 있습니다.

해외 여행을 하지 않더라도 시차를 매일 경험하는 분들도 있습니다. 간호사, 소방관, 경찰관과 같은 교대 근무자들은 밤낮을 바꾸어 가며 근무하기에 매일같이 시차를 경험하지요. 그런데 낮과 밤이 자주 바뀌면 생체 시계가 불안정해지고 수면에도 문제가 생기게 됩니다. 암 발병률, 조울증이나 우울증 발병률 또한 높아집니다. 당뇨병에 걸릴 확률도 훨씬 높아지고요. 화이자에서는 이렇게 교대 근무나 불규칙한 수면으로 불안정해진 생체 시계를 고치고자 약을 개발하려고 한 것입니다.

1조 원짜리 신약을 개발한 수학

2007년, 화이자는 생체 시계를 조정하는 신약 후보 물질인 PF-670462를 발견했습니다. 이것을 먹으면 생체 시계의 조정 버튼이 움직여 생체 시계가 몇 시간 지연되었습니다. 그런데 이 약에는 독특한 성질이 있었습니다. 하루 중 언제 먹는지에 따라 효과가 3배 이상 차이 난다는 것이었습니다. 새벽 6시에 먹으면 효과가 가장 약해서 시계가 약 1시간 뒤로 밀렸고, 오후 6시에 먹으면 효과가 가장 강해서 시계가 약 3시간 뒤로 밀렸지요. 이 약이 타깃으로 하는 생체 시계가 하루 종일 변하기 때문에 약을 언제 복용하는지에 따라 효과가 달라진 것입니다.

또한 깜깜한 환경보다 낮과 밤이 있는 실제 환경에서 약효가 더 떨어졌습니다. 약으로 조정된 생체 시계가 주변 환경으로부터 빛 정보를 받아들였을 때 다시 원상태로 돌아가

려고 하는 것이지요. 따라서 이 약으로 생체 시계를 조정한다고 하더라도 꾸준히 복용하지 않으면 생체 시계는 원상태로 복구되었습니다. 빛에 의해 효과가 달라지는 약이라니, 참 신기합니다. 자연스럽게, 낮이 긴 여름에 먹는지 짧은 겨울에 먹는지에 따라 약의 효과도 달라질 것이라고 예상할 수 있었습니다. 약을 복용하는 사람이 평소 빛에 얼마나 노출되는지에 따라서도(늦은 밤 스마트폰을 얼마나 들여다보는지에 따라서도), 약효가 달라질 것이라고 예상되었지요. 요컨대 하루 중 약을 언제 먹는지에 따라, 그리고 복용자가 빛에 얼마나 노출되는지에 따라 효과가 달라질 것으로 예상되었습니다.

하지만 이러한 모든 복잡한 조건에서 약의 효과를 실험하는 것은 천문학적인 비용을 필요로 하기에 화이자에서는 신약 개발에 어려움을 겪고 있었습니다. 화이자에서 대니얼 포저 교수님에게 협조를 요청한 이유도 수리 모델을 이용해 이러한 상황을 타개하기 위함이었습니다. 수리 모델을 이용해 약의 효과를 실험하는 일은 컴퓨터 전기료만 지불하면 되니까요. 가장 먼저 포저 교수님이 그의 대학원 시절 지도교수인 찰스 페스킨Charles Peskin과 함께 개발한 포저-페스킨$^{Forger-Peskin}$ 생체 시계 모델을 사용해 보기로 했습니다. 약의 효과를 측정한 이전 실험 결과들을 수리 모델이 잘 시뮬레이션하는지 방학 동안 테스트한 것이었지요. 하지만 결론은 부정적이었습니다.

기존의 수리 모델로는 시뮬레이션하는 것이 가능하지 않다는 점을 깨닫고, 포저 교수님과 저는 새로운 모델을 개발하는 일에 착수했습니다. 기존의 모델이 2010년에 개발되고 6년간 생체 시계에 관해 새롭게 밝혀진 사실들이 많았기에 이를 반영해 보기로 했습니다. 하지만 그러려면 그에 앞서 6년간 출간된, 생체 시계와 관련된 수백 편의 논문을 읽어야 했지요. 수리 모델에 반드시 반영되어야 하는 핵심 원리들은 크게 다섯 가지 정도였지만, 이를 생체 시계 모델에 실제로 반영하는 데는 무려 200여 개의 변수를 포함하는 복잡한 미분방정식이 필요했습니다. 마침내 완성된 킴-포저$^{Kim-Forger}$ 생체 시계 모델은 생체 시계 세포 내의 약물 농도(그림 4.1 붉은색 곡선)에 따라 일주기 리듬(하늘색 곡선)이 이전(회색 점선)과 달리 어떻게 변하는지를 보여주었습니다.

놀랍게도, 수리 모델을 이용한 예측은 쥐를 이용한 신약 효과 실험과 정확하게 일치했습니다.[7] 기존의 수리 모델과

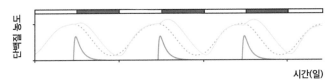

농도(세포내)

시간(일)

그림 4.1 수리 모델이 예측한 세포 내 약물 농도에 따른 일주기 리듬의 변화.

달리, 하루 중 언제 약을 먹는지에 따라 달라지는 효과마저
도 정확하게 시뮬레이션해 냈지요.

더 나아가, 화이자에서 실험한 조건과 다른 다양한 조건
에서 약의 효과가 어떻게 달라지는지도 예측할 수 있었습니
다. 예를 들어, 기존에는 낮과 밤의 길이가 서로 비슷한 봄이
나 가을에만 약의 효과를 실험했는데, 수리 모델을 이용하
면 낮과 밤의 길이가 다른 여름과 겨울에도 약의 효과가 어
떻게 달라질지 예측할 수 있었습니다. 쥐를 대상으로 하는
실제 실험들의 성공을 끝으로, 3년간 지속된 화이자와의 프
로젝트도 마무리되었지요. (3년간 지속되었기에, 방학마다 경
제적인 문제를 고민할 필요가 없었습니다!)

그로부터 몇 년이 흘러, KAIST에 부임한 지 얼마간의 시간이 지났을 때 프로젝트를 함께 진행한 쳉 창^{Cheng Chang} 박사에게서 연락이 왔습니다. 화이자 프로젝트 이후로 몇 년간 쥐가 아닌 원숭이를 대상으로 후속 실험을 진행하고 있는데, 예상치 못한 결과를 얻었다는 것이었습니다. 그 연락을 받고 기쁜 마음으로 프로젝트에 참여하게 되었는데, 연구비도 연구비이지만 무엇보다도 구하기 어려운 원숭이 실험 데이터들을 토대로 연구할 기회가 생기기 때문이었습니다. 첫 번째 미팅을 가지기 위해 다시 보스턴에 방문했는데, 프로젝트에 참여하기로 한 팀장들이 공학자, 통계학자, 화학자, 의사, 물리학자 등으로 다양했습니다(그림 4.2). 신약 하나를 개발하는 데도 이제는 다양한 분야의 연구자들이 서로 협력해야 한다는 것을 다시 한번 느낀 순간이었습니다.

다시 한국으로 돌아와, 연구실의 김대욱 학생(현재 KAIST 뇌인지과학과 교수)과 수리 모델을 통해 원숭이와 쥐 사이에 예상치 못한 약효 차이가 발생하는 원인을 분석하기 시작했습니다. 다양한 원인들을 수리 모델로 테스트한 결과 그 원인이 드러났는데, 바로 주행성 동물인 원숭이가 야행성 동물인 쥐에 비해 빛 노출에 의한 약 효과의 반감이 더 크다는

| 공학자 | 통계학자 | 화학자 | 의사 | 물리학자 |

그림 4.2 신약 개발을 위해 한자리에 모인 여러 분야의 연구자들.

것이었습니다. 이는 빛의 노출을 조절함으로써 기존에는 잘 드러나지 않던 효과를 발현시킬 수도 있음을 시사했습니다. 사람도 주행성 동물이기 때문에, 일상에서 빛의 노출을 잘 조절해야 더 큰 효과를 기대할 수 있겠지요. 하지만 안타깝게도 이를 현실에 적용해 보는 일은 쉽지 않아 보였습니다. 늦은 밤에 빛을 보면 안 되기에 스마트폰도 보지 않아야 하는데, 환자가 이를 따를 것 같지 않았습니다.

하지만 하루 중 언제 먹는지에 따라 효과가 달라지는 약의 성질을 이용하면, 최적의 치료 효과를 거둘 수 있을지도 모른다는 생각이 들었습니다. 그 방법 가운데 하나가 환자마다 적절한 투약 시간을 찾아 그 효과를 극대화하는 조정 시간 요법adaptive chronotherapy이었습니다(그림 4.3).[8] 약의 효과가 약하면 다음 날 투약 시간을 1시간 뒤로 미루어 약의 효과를 강하게 만들고, 너무 강하면 투약 시간을 1시간 앞으로 당겨 약의 효과를 낮춤으로써 원하는 생체 시간에 도달하도록 돕는 것이지요. 제대로 작동하기만 한다면, 복잡한 환경에서도 원하는 약의 효과를 얻는 길이 열리는 것입니다. 이후 사람을 대상으로 하는 임상 실험이 성공적으로 진행되었고, 몇 년 전에는 오랜 시간 개발한 이 신약이 바이오젠Biogen이라는 제약회사에 7억 달러(약 1조 원)라는 천문학적인 가격에 매각되기도 했습니다. 물론 1조 원에서 저에게 돌아온

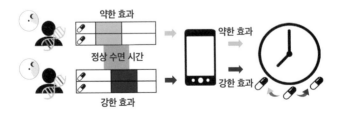

그림 4.3　투약 시간으로 생체 시계를 조정하는 조정 시간 요법.

것은 한 푼도 없지만요. 하지만 화이자에서 제공해 준 연구 데이터들은 천문학적인 비용을 들여 얻은 것들이기에, 그것만으로도 이미 충분히 보상받았다고 느낍니다.

항암제 효과가 투약 시간에 따라 달라진다면

수학자가 화이자와 공동 연구를 진행한 사례를 기사로 접하고 이를 신기하게 여긴 서울대학교병원 암센터 고영일 교수님이 저를 강연의 연사로 초청해 주었습니다. 서울대학교 의학대학에서 진행한 이 강연에서 저는 화이자와 진행한 연구에 관해 발표했는데요. 특히, 약의 효과가 오전, 이른 오후, 저녁 등 투약 시간에 따라 달라질 수 있음을 소개했습니다. 이 점을 흥미롭게 생각한 고영일 교수님은 항암제 역시 그럴 수 있는지 질문했습니다. 쥐를 대상으로 진행한 실험에서는 그렇지만, 사람을 대상으로 하는 임상 실험의 결과는 아직 명확하지 않은 상황이었기에 같이 연구할 기회가 있기를 바란다고 답했습니다. 교수님도 이 제안을 받아들여 사람에게서도 항암제 효과가 투약 시간에 따라 달라지는지를 연구하게 되었습니다.

연구는 광범위 B형 대세포 림프종^{diffuse large B-cell lymphoma}

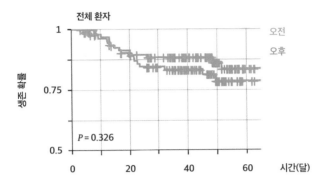

그림 4.4 **오전 치료 집단과 오후 치료 집단 간의 생존 확률.**

환자들 중에서도 치료 후 5년간 생존 여부와 재발 여부가 추적 조사된 200여 명의 환자들을 대상으로 진행되었습니다. 항암 치료는 3주 간격으로 모두 여섯 차례 진행되는데, 환자에게 치료 일정을 오전 또는 오후로 선택하게 합니다. 그중 오전을 많이 선택한 환자 집단을 '오전 그룹'으로, 오후를 많이 선택한 환자 집단을 '오후 그룹'으로 나누었습니다. 하지만 치료가 이루어지고 나서 5년간 두 그룹의 생존 확률에서 통계적으로 유의미한 차이가 나타나지 않았습니다(그림 4.4). 그 밖에도 여러 복잡한 분석을 시도했지만 모두 실패로 돌아갔습니다.

그렇게 1년이라는 시간이 빠르게 흘러갔습니다. 연구를 더 이상 지속하기 어렵다고 판단할 무렵, 독일 하이델베르크의 유럽분자생물학연구소European Molecular Biology Laboratory, EMBL에서 열리는 워크숍에 참석하게 되었습니다. 참석자들이 묵는 호텔에서 행사장까지 매일 셔틀버스가 운영되었는데, 어느 날은 한 노교수의 옆자리에 앉게 되었지요. 인사를 나누다 보니 공교롭게도, 치료 시간에 따른 항암제 효과를 수십 년간 연구한 프랜시스 레비Francis Levi 교수님이었습니다. 진행 중인 연구를 소개하면서 결과가 좋지 않아 조금 실망스럽다고 말하자, 뜬금없이 그룹을 성별에 따라 나누어 보았느냐고 물었습니다. 자신도 수십 년간 남성과 여성을 따로 분석하지 않다가 최근 들어서야 그 둘을 구분하고 있는데, 이전에는 나타나지 않던 새로운 양상들이 보인다는 것이었습니다. 아직 둘을 구분해 보지 않았다면 꼭 한번 해보라는 것이었지요.

대화를 마치자마자 연구 중인 김대욱 학생에게 남녀를 따로 분석해 보자고 이메일을 썼습니다. 하루가 지나 답장이 왔습니다. 남성에게서는 오전 그룹과 오후 그룹 간에 차이가 나타나지 않는 반면, 여성에게서는 엄청난 차이가 나타

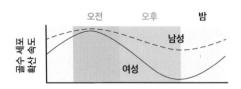

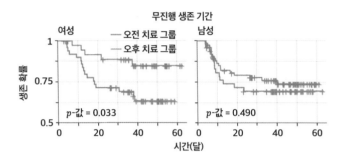

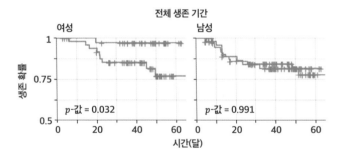

그림 4.5 골수세포의 확산 속도가 남성에 비해 여성에게서 더 크게 차이 나고, 확산 속도는 하루 중 오전에 최대치를 기록한다(첫 번째 그림). 이로 인해 여성 환자에게 항암제를 오전에 투약할 시 골수세포의 확산이 크게 억제되어 항암 부작용의 발생 빈도가 증가하고, 항암제의 투약량이 줄어들게 된다. 그에 따라 주로 오전에 치료를 받은 여성 환자의 항암 치료 효율이 감소해 생존 확률 또한 감소하게 된다(두 번째 그림).

난다는 것이었습니다. 오후에 치료받는 여성 집단은 오전에 치료받는 여성 집단에 비해 사망률이 무려 12.5배나 적고, 암이 재발하지 않는 무진행 생존 기간도 4배나 길었습니다 (그림 4.5 아래).[9] 유레카!

다음 단계는 이러한 차이의 원인을 밝히는 것이었습니다. 고영일 교수님 연구 팀과 함께 여성 오전 그룹과 여성 오후 그룹의 차이를 분석했는데, 여성 오전 그룹에서 유독 백혈구 감소증과 같은 항암 부작용이 더 많이 나타나는 것을 발견했습니다. 항암 부작용이 발생하면 다음번 치료 때 투약하기로 계획한 양보다 적게 투약할 수밖에 없고, 그에 따라 항암 치료의 효과도 줄어드는 것이었습니다.

이제 남은 일은 왜 여성 오전 그룹에게서 항암 부작용의 발생률이 더 높게 관찰되는지를 밝히는 일이었습니다. 부작용과 밀접한 관련이 있는 백혈구 수가 왜 오전과 오후에 서로 차이를 보이는지 서울대학교병원 건강증진센터에서 수집한 1만 4,000여 명의 혈액 샘플 데이터를 이용해 분석했는데 그 결과는 놀라웠습니다. 여성의 경우 오후에 비해 오전에는 백혈구 수가 크게 감소한 상태였기 때문입니다(그림 4.5 위). 백혈구가 실제로 만들어지는 데 약 12시간이 걸리기 때문에, 여성의 골수 기능이 오후보다 오전에 더 활발하다는 것을 예상할 수 있었습니다. 따라서 골수 기능이 활발한 오전에 림프종 치료를 받으면 골수 기능의 저하로 이어지며 부작용의 발생 가능성이 증가할 수 있었습니다. 남성의 경우에는 하루 중 백혈구 수의 변화가 크지 않았고, 이는 왜 남성이 오전인지 오후인지에 따라 치료 효과에 차이를 보이지 않는지를 설명해 주었습니다. 왜 여성은 골수 기능이 일주기 리듬을 가지고 남성은 그렇지 않은지 보다 많은 수의 환자와 다양한 인종의 환자를 대상으로 후속 연구를 진행해야 하지만, 광범위 B형 대세포 림프종에 한해서는 여성은 오후에, 남성은 오전에 치료받는 날이 오지 않을까 예상해 봅니다.

집단을 성별에 따라 나누면 금방 결과를 얻을 수 있었는데, 왜 1년 동안이나 이런 생각을 해내지 못했을까요? 이는 콜럼버스의 달걀과 같은 것입니다. 알고 나면 쉽지만 그 전에는 해결책을 떠올리기가 아주 까다로운 문제인 것이지요. 놀랍게도, 의학과 생명과학 분야에서 남성과 여성이 크게 다를 수 있기에 성별을 고려해 연구해야 한다는 어찌 보면 당연한 사실을 인지한 지는 얼마 되지 않았습니다. 심지어 아직까지도 동물 실험은 수컷만을 이용하는 경우가 대부분이지요. 최근 들어서야 성을 고려한 연구를 진행해야 한다는 캠페인이 시작되었습니다. 이러한 캠페인의 일환으로 2023년 국제 여성의 날에 의학 분야의 최고 저널 중 하나인 《랜싯 혈액학Lancet Hematology》에서 성을 중요한 변수로 고려해야 한다는 기사를 보도했는데, 감사하게도 앞서 소개한 연구 결과를 언급해 주었습니다.

이번 연구가 시사하는 바는 기존의 치료 체계를 여러 관점에서 더 정밀하게 바라보아야 한다는 것입니다. 치료 시간의 관점에서, 그리고 성별의 관점에서 질병을 바라볼 때 비로소 더욱 효과적인 치료도 가능해지는 것입니다. 특히, 시간이라는 차원을 추가해 약의 효과를 예상하려면 시간에 따른 변화를 예측하는 미분방정식 기반의 수리 모델이 중요한 역할을 할 것으로 예상됩니다.

피카소의 〈황소〉가 남긴 아이디어

지금까지는 생체 시계가 골수의 기능에 영향을 줌으로써 암 치료 효과에도 영향을 주는 연구를 소개했습니다. 이번에는 암의 발생과 관련된 가장 중요한 단백질인 p53에 생체 시계가 어떤 영향을 미치는지를 수리 모델링과 실험을 통해 발견한 연구를 소개하겠습니다.

막 박사과정을 마친 2013년 7월, 저는 미국 로드아일랜드주 뉴포트에서 '일주기 리듬, 분자부터 인간까지'라는 주제로 열린 고든학회Gordon conference에 참석했습니다. 고든학회의 특징은 초청받은 50여 명의 연구자들이 리조트 한곳에 모여 식사뿐만 아니라 산책과 운동을 함께하는 등, 잠자는 것 빼고는 대부분의 시간을 함께 보내는 것입니다.

그렇게 일주일을 보내며 버지니아공과대학교의 카를라 핀키엘스타인Carla Finkielstein 교수님과 많은 이야기를 나누게 되었습니다. 핀키엘스타인 교수님은 세포분열을 조절하고 암을 억제하는 데 중요한 역할을 하는 p53 단백질을 오랜 시간 연구한 생명과학자로서, 몇 년 전부터 p53 연구를 확장해 피리어드 단백질과의 상호작용을 연구하고 있었습니다. 아직 큰 진전이 있는 상태는 아니었지만, 굉장히 흥미로운 이야기였기에 여러 질문을 했습니다. 핀키엘스타인 교수님은 수학자와 연구에 관해 이야기한 것이 생전 처음이라며 성실히 답해주었지요. 그러다 한 달 후 학회 발표를 위해 버지니아공과대학교에 일주일간 머문다고 말했더니, 깊이 논의해 보고 싶다며 조금 더 미리 방문해 달라고 부탁했습니다.

그로부터 한 달 뒤, 저는 미국 버지니아주의 작은 도시인 블랙스버그에 위치한 버지니아공과대학교에 학회가 열리기 이틀 전 미리 도착했습니다. 그런데 약속한 날 하루 전, 핀키엘스타인 교수님으로부터 이메일 한 통을 받았습니다. 고국인 아르헨티나로 급하게 떠나게 되었다고 자신이 아닌 데쓰야 고토Tetsuya Gotoh 박사와 만나보라는 것이었습니다. 나중에 알게 된 것인데, 그녀의 아버지가 말기 암을 판정받았다는 소식을 듣고 병간호를 위해 부랴부랴 귀국한 것이었습니다. 그 와중에도 교수님은 함께 연구할 만한 주제를 메모로 남기기까지 했지요.

고토 박사와 반나절 내내 그 주제에 대해 논의했지만, 제시한 문제들이 모두 흥미롭지 않았습니다. 수학이 크게 필요하지 않은 다소 뻔한 문제들로 보였던 것이지요. 고토 박사와 함께 점심을 먹으며 문제 해결을 앞두고 있는 문제들 말고 어떻게 해결할지조차 전혀 감이 잡히지 않는 문제들이나 실험이 잘못된 것이 아닌지 의심되는 그러한 문제들이 없는지 물어보았습니다. 고토 박사는 지난 실험 노트를 훑어보면 분명히 찾을 수 있을 것이라며 남은 시간 동안 같이 살펴보자고 제안했습니다.

핀키엘스타인 교수님의 연구실에서 지난 1년간 진행된 다양한 실험 결과들을 보며, 서로 협력해 해결할 만한 퍼즐을 찾기 시작했습니다. 보통 실험 연구자들은 논문으로 발표되지 않은 실험 데이터를 외부인에게 공개하는 것을 꺼리는데, 수학자이기 때문인지 크게 의식하지 않았던 듯합니다. 어쩌면 핀키엘스타인 교수님이 있었다면 불가능한 일이었을지도 모릅니다.

그렇게 실험 데이터를 살피다가, 잘 이해되지 않는 데이터를 하나 찾을 수 있었습니다. 고토 박사와 핀키엘스타인 교수님은 이미 논문을 통해 피리어드 단백질이 p53 단백질을 안정화함으로써 분해 속도를 느리게 한다는 것을 밝힌 바 있었습니다. 피리어드 단백질의 양이 24시간 주기로 변하기에, 고토 박사와 핀키엘스타인 교수님은 이 결과에 따라 피리어드 단백질의 양이 많을 때 p53 단백질은 더욱 안정화되어 그 양이 늘어나고, 반대로 피리어드 단백질의 양이 적을 때 p53의 안정성은 줄어들어 그 양이 감소할 것이라고 예상했지요(그림 4.6). 다시 말해, p53 단백질의 양도 24시간 주기로 변할 것이라고 예상했습니다.

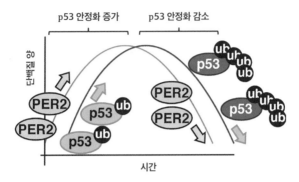

그림 4.6 피리어드 단백질에 따라 유사하게 증가하거나 감소하는 p53 단백질(예측).

　그런데 후속 연구에서 p53 단백질 양의 변화를 측정했는데, 예상과 달리 피리어드 단백질의 양이 많을 때 p53 단백질이 적어지고 피리어드 단백질의 양이 적을 때 p53 단백질의 양이 늘어난 것이었습니다(그림 4.7). 고토 박사는 이 문제하나로 지난 몇 달간 골머리를 앓고 있다고 말했습니다. 처음에는 실험이 잘못된 것인가 싶어 다양한 방식으로 p53 단백질의 양을 측정해 보고 세포 종류도 바꾸어 보았는데 결과는 매번 동일했습니다. 이제는 기존의 논문에서 이야기한, 피리어드 단백질의 p53 안정화 실험 결과가 잘못되었다고

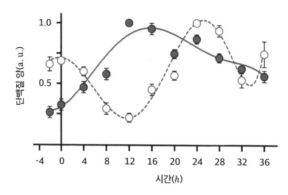

그림 4.7 피리어드 단백질의 양과 반대로 증가하거나 감소하는 p53 단백질의 양.

의심할 수밖에 없는 상황이었지요.

모순된 실험 결과는 실험하는 연구자들에게는 골칫거리
이지만, 저에게는 우리의 현재 지식에 구멍이 있다는 것을
보여주는 흥미로운 문제로 다가왔습니다. 고토 박사와 저는
수리 모델을 이용해 이 퍼즐을 함께 해결해 보자는 데 합의
했습니다. 그로부터 몇 주 후, 연구실로 돌아온 핀키엘스타
인 교수님도 그 문제를 수학으로 해결할 수만 있다면 더할
나위 없이 좋을 것이라며 자신이 염두에 두고 있는 다섯 가
지 가설을 보내주었습니다. 나중에 들어보니, 핀키엘스타인

교수님은 솔직히 그때까지만 하더라도 수학이 무엇을 할 수 있을지 의문이었다고 합니다.

그해 9월, 오하이오주의 중심 도시인 콜럼버스에 위치한 수리생명과학연구소에서 박사후 연구원으로 생활을 시작하며 두 달에 한 번 버지니아공과대학교를 방문해 공동 연구를 진행했습니다. 하지만 안타깝게도 공동 연구는 실패와 실망의 연속이었습니다. 핀키엘스타인 교수님이 처음 제시한 가설들을 모두 수리 모델로 테스트해 보았지만, 그 결과는 실험에서 관찰되는 p53 단백질의 변화와는 거리가 멀었습니다. 몇 가지 가설을 추가로 테스트해 보았으나 마찬가지였지요. p53 단백질을 조절하는 분자들이 너무 다양했기에, 고려해야 하는 변수들이 너무 많았고 그만큼 테스트해야 하는 가설도 너무 많았습니다. 계속되는 실패 속에서 1년을 보내며 모두가 지칠 무렵, 우연히 파블로 피카소가 그린 〈황소The Bull〉라는 작품을 보게 되었습니다. 황소의 모습을 단순화해 핵심만 남긴 그림이었습니다. 이 그림을 보는 순간, p53을 조절하는 분자들의 복잡한 그림도 핵심만 남기고 단순화하면 어떨까 하는 생각이 들었습니다. 곰곰이 생각해 보니, p53 단백질을 조절하는 기제들은 수십 가지가 있었지만 이것들이 모두 다섯 가지 범주(p53 단백질의 생산, 핵과 세포질에서의 분해, 핵과 세포질 사이에서의 이동)로 분류할 수 있음을 깨달았습니다.

단순화를 거치고 나니 '피리어드 단백질이 이 다섯 가지 중에서 어떤 것을 조절할까?'라는 쉬운 문제로 바뀌었습니

그림 4.8 피카소의 〈황소〉를 보고 떠오른 아이디어.

다. 이렇게 단순화된 다섯 가지 경우를 묘사하는 수리 모델을 이용했더니 피리어드 단백질이 p53을 핵 안으로 데려가 안정화시키면 실험에서 관찰되는 p53의 일주기 리듬이 만들어진다는 것을 예측할 수 있었지요. 이제 남은 일은 이러한 예측을 실험으로 검증하는 것인데, 검증하는 데는 오랜 시간과 많은 돈이 들기에 모델 예측에 오류가 없는지 꼼꼼히 확인해야 했습니다. 곧이어 다양한 조건을 고려한 1,000여 개의 수리 모델을 만들어 다시 한번 테스트해 보자, 1개를 제외한 999개의 모델에서 모두 동일한 예측값을 얻었습니다.

얼마간의 확신을 가지고 수리 모델로 예측한 결과를 핀키엘스타인 교수님과 고토 박사에게 설명했더니, 두 사람 모두 충분히 납득되는 결과라며 실험으로 검증해 보기로 했습니다. 먼저 p53 단백질이 실제로 핵 안에서 더 천천히 분해되는지를 실험해 보았는데, 2개월 후 고토 박사에게서 예측이 맞았다는 실험 결과를 전달받았습니다. 이제 남은 일은 피리어드 단백질이 p53 단백질을 핵 안으로 이동시키는 것에 관한 예측을 검증하는 일이었습니다.

두 번째 실험은 예상대로 까다로웠고 오랜 시간이 걸렸습니다. 그사이 저는 KAIST가 위치한 대전으로 옮겼지만 공동 연구는 지속되었습니다. 차이가 있었다면 시차로 인해 온라인으로 진행되는 미팅이 밤 시간대로 옮겨졌다는 것뿐이었습니다. 그러던 몇 달 후, 두 번째 예측도 실험으로 검증되었습니다. 또한 이번 연구로 피리어드 단백질과 p53 단백질이 상호작용하는 보다 구체적인 메커니즘도 찾을 수 있었습니다. 말하자면, 피카소의 〈황소〉에서 보이는 가장 단순한 그림에서 시작해 3년간의 연구 끝에 실물에 더 가까운 복잡한 그림을 얻은 것이었습니다.[10] 또한 공동 연구가 이후로도 계속 이어지면서, 점점 더 복잡하고 정확한 그림을 그릴 수 있게 되었지요.[11] 감사하게도, 이 연구 결과로 미국 버지니아과학한림원Virginia Academy of Science에서 매년 최고의 연구에 수여하는 제이셸턴호슬리연구상J. Shelton Horsley Research Award을 받았습니다.

2013년 여름 뉴포트에서 처음 시작된 만남이 매년 두 차례 한국과 미국을 오가는 만남으로 지금까지 이어지고 있습니다. 이제는 서로 자녀 키우는 이야기도 스스럼없이 나누는 그런 사이가 되었지요. 공동 연구의 장점에는 연구를 함께한다는 것도 있지만, 무엇보다도 삶의 희로애락을 나눌 수 있는 좋은 친구가 생기는 것이 아닐까 싶습니다. 또한 피카소가 미술이 지닌 자유로움으로 황소를 마음대로 단순하게 표현할 수 있었듯이, 저는 수학이 가져다주는 자유로움으로 복잡한 생명 시스템을 단순하게 바라볼 수 있게 되었습니다.

수학에는 복잡한 것을 단순하게 바라볼 수 있는 자유가 있습니다.

5장

수학이 발견한 최적의 수면 패턴

아산에 없는 아산병원

미시간대학교 대학원 시절, 의학과 생명과학을 연구하는 한국인 연구자들이 한 달에 한 번 모여 한 사람씩 돌아가며 세미나를 진행했습니다. 이 자리에서 저는 1년간의 연수를 받기 위해 대학교를 방문한, 아산병원의 정석훈 교수님을 만났습니다. 〈하얀거탑〉이라는 드라마 때문인지 의과대학 교수라고 하면 막연히 무섭거나 딱딱하지 않을까 예상했는데, 동네에서 자주 마주칠 법한 서글서글한 형 같은 분이라 어느덧 친해졌습니다. 특히 교수님은 수면을 연구하고 있었는데, 수면과 밀접한 생체 시계를 연구하는 수학자를 신기하게 여기고 한국에 정착하면 꼭 연락을 달라고 말했습니다. 그렇게 몇 년이 흘러 KAIST에 부임하게 되었고, 잊지 않고 교수님에게 연락을 했더니 아산병원 정신과에서 강연을 진행해 달라는 부탁을 받았습니다.

이때까지만 하더라도 충청남도 '아산'의 작은 병원에서 몇몇 의사를 대상으로 열리는 작은 세미나라고 생각했습니다. 하지만 웬걸, 대구에서 나고 자란 저는 아산병원이 서울에 있는 매우 큰 병원이란 것을 그때 처음 알게 되었습니다! 도착하고 나서 먼저 병원의 엄청난 규모에 놀랐고, 수학자의 강연을 듣기 위해 앉아 있는 수많은 의사들을 보고 다시 한 번 놀랐습니다.

처음에는 조금 긴장되었지만, 다행히도 의학적인 문제를 수학으로 해결하는 방식에 많은 관심이 쏠리며 세미나에 대한 반응이 뜨거웠습니다. 이것이 첫 단추가 되어 수면 학회에도 초청을 받게 되었고, 수면 학회에 꾸준히 참석하며 수학이 의학과 생명과학 연구에 어떤 도움이 되는지도 소개할 수 있었습니다. 훌륭한 국내 수면 연구자들과 협력해 다양한 연구를 이어갈 수 있었던 것도 모두 그 덕분이었지요. 이

장에서는 그중에서도 삼성서울병원 주은연 교수님과 성균관대학교 임상간호대학원 최수정 교수님과 진행한 연구를 소개하고자 합니다.

많이 자면 덜 졸릴까?

기업이나 조직이 서비스를 제공하거나 생산을 유지하기 위해 여러 직원이 24시간을 나누어 근무하는 방식을 '교대 근무'라고 합니다. 교대 근무를 하는 대표적인 사례로는 소방관, 경찰관, 군인, 의료 종사자 등이 있지요. 교대 근무는 근무 시간이 일정하지 않고 오전, 오후, 저녁, 밤, 새벽으로 변하기 때문에 근무 중에 졸리다고 느끼게 됩니다. 이를 '주간 졸림증'이라고 하는데, 주간 졸림증은 수많은 사고를 유발하고 근무 효율성을 떨어뜨리기에 크나큰 사회적 문제입니다. 의료 현장에서는 주간 졸림증으로 잘못된 약을 투약하거나 잘못된 주사를 놓는 것과 같은 의료 사고로도 이어지지요. 이러한 주간 졸림증을 방지하는 방법에 대해서는 여러 연구가 이루어졌지만 뾰족한 해법은 아직 묘연한 상태입니다.

주은연 교수님과 성균관대학교 임상간호대학원 최수정 교수님은 이 문제를 오랜 시간 연구했는데, 2018년 여름 주은연 교수님이 저에게 처음 연락한 이유도 바로 주간 졸림 증 때문이었습니다. 삼성서울병원에서 교대 근무하는 간호사들의 수면을 몇 주간 스마트 워치로 추적했는데 결과가 예상과 다르다는 것이었습니다. 평균 수면 시간이 길어지거나 수면 효율과 같은 여러 수면 지표가 좋아지면 당연히 교대 근무 중의 졸림도 사라질 것이라고 예상했는데, 전혀 그렇지 않는다는 것이었습니다. 예를 들어, 그림 5.1와 같이 삼성서울병원의 교대 근무 간호사들의 평균 수면 시간과 주간 졸림 정도를 그려보았더니, 평균 수면 시간이 길어질수록 졸림 정도가 감소한다고 말할 수 없었습니다. 더 조사해 보니, 해외 연구에서도 교대 근무자의 주간 졸림 정도를 수십 개의 수면 지표로 예측하려고 했지만 모두 실패했다는 점을 알게 되었습니다. 이전까지 풀리지 않은 문제라는 것을 알면 일단 관심이 생깁니다. 수학이 그 미스터리의 열쇠가 되지 않을까 하는 생각에 심장이 빠르게 뛰었습니다.

같은 시간을 자도 덜 졸린 이유

이 문제에 수학적으로 접근하려면 먼저 수면을 묘사하는 수리 모델이 필요합니다. 그러면 수리 모델에 필요한 수면의 기

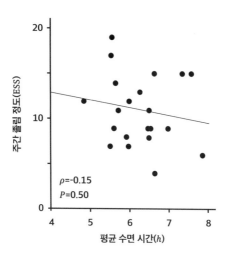

ρ=-0.15
P=0.50

그림 5.1 평균 수면 시간이 늘어나도 줄지 않는 주간 졸림 정도.

본 원리부터 살펴봅시다. 우리는 매일 밤 잠을 자고 매일 아침 눈을 뜹니다. 이러한 잠과 깨어남은 수면 압력과 일주기 리듬의 상호작용에 의해 결정됩니다. 자는 동안(그림 5.2 파란색 영역)에는 수면 압력(검은색 실선)이 점점 감소합니다. 이렇게 감소하는 수면 압력이 24시간 주기로 변하는 깨어남 역치wake threshold 일주기 리듬(노란색 점선)보다 낮아질 때 잠에서 깨지요. 그리고 깨어 있는 동안에는 수면 압력이 점점 증

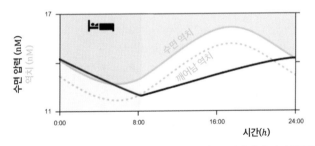

그림 5.2　**수면 압력(검은색 실선), 깨어남 역치 일주기 리듬(노란색 점선), 수면 역치 일주기 리듬(노란색 실선).**

가하는데, 수면 압력이 24시간 주기로 변하는 수면 역치^{sleep} ^{threshold} 일주기 리듬(노란색 실선)보다 높아지면 잠을 자게 됩니다. 수면 역치를 보면 낮에는 높고 밤에는 낮다는 것을 알 수 있습니다. 따라서 낮에는 어느 정도 수면 압력이 올라가도 졸리지 않은 반면 밤에는 졸음이 찾아와 쉽게 잠이 듭니다. 이처럼 수면 압력과 일주기 리듬을 알면 우리 몸이 원하는 자연스러운 취침 시간과 기상 시간을 알 수 있습니다.

　하지만 수면 압력과 일주기 리듬을 측정하기 위해서는 매시간 혈액을 채취해 호르몬 변화를 추적해야 하기에 현실적으로 이를 알기란 불가능합니다. 반면 수면 압력과 일주기 리듬에 변화를 가져오는 우리의 수면 패턴은 스마트 워치나 스마트폰으로도 측정할 수 있습니다. 잠깐! 스마트폰은 우리의 수면 패턴을 어떻게 아는 것일까요? 어제 잠자기 전 무엇을 했는지, 그리고 오늘 눈을 떴을 때 무엇을 했는지 곰곰이 생각해 보세요. 오늘날의 거의 모든 스마트폰은 사용자의 사용 기록으로부터 사용자의 수면 패턴을 역으로 추정하는데, 이는 꽤나 정확합니다. 궁금한 분들은 이를 헬스/건강 애플리케이션에 들어가 확인할 수 있습니다.

이렇게 스마트폰이나 스마트 워치로 측정한 수면 패턴 데이터로 수면 압력과 일주기 리듬을 역으로 추정하는 수리 모델을 개발했습니다. 수면과 깨어남을 관장하는 신경세포들의 상호작용을 미분으로 표현한 식인데, 이 식은 너무 복잡하기에 이 책에서는 다루지 않겠습니다. 복잡한 식이 하나 등장할 때마다 책의 판매 부수가 절반으로 준다는 말이 사실일지도 모르니까요!

스마트 워치로 측정한 어느 간호사의 수면 패턴 데이터를 수리 모델에 입력해 미분방정식을 풀면, 그림 5.3과 같이 수면 압력(검은색 실선)과 수면 역치 일주기 리듬(노란색 실선)을 역으로 추정할 수 있습니다. (깨어남 역치도 추정할 수 있지만 이 그래프에서는 생략했습니다.) 첫날 깨어 있는 동안에는

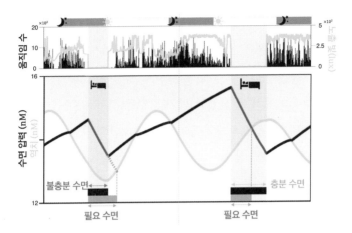

그림 5.3 수리 모델이 예측한 수면 압력(검은색 실선)과 수면 역치 일주기 리듬의 변화 (노란색 실선).

수면 압력이 올라가고 첫 수면을 취하는 동안에는 수면 압력이 내려갑니다. 다음 날에는 교대 근무를 하며 장시간 수면을 취하지 않았기에 수면 압력이 매우 높아집니다. 이후 두 번째 수면을 취하는 동안 수면 압력이 감소하고 기상 후에는 다시 증가합니다. 또한 일주기 리듬이 일정하지 않고 변하는 것을 볼 수 있습니다. 특히 교대 근무를 하는 동안에는 자야 할 시간에 잠을 자지 않아 시차를 경험하게 되는데, 이때 일주기 리듬이 약해지며 뒤로 밀리지요.

이렇게 수면 압력과 일주기 리듬을 추정하면, 수면에 관한 많은 정보를 얻을 수 있습니다. 그중 하나가 매일 충분한 수면을 취했는지를 알 수 있다는 것입니다. 그림 5.3에서 첫 번째 수면 시간을 보면 수면 압력이 일주기 리듬에 도달하기 전에 기상했는데, 이는 몸이 원하는 자연스러운 기상이 아닙니다. 수면 압력이 일주기 리듬 아래로 내려가기 위해 필요한 수면 시간(회색 막대)에 비해 실제 수면 시간(검은색 막대)이 짧기 때문에 불충분한 수면인 것이지요. 반면 두 번째 수면은 필요 수면 시간에 비해 실제 수면 시간이 길기 때문에 충분한 수면입니다. 사실 두 번째 수면은 조금 과한 면이 있습니다. 아마도 전날 잠을 충분히 자지 못했기에 보상 심리로 더 오랜 시간 수면한 것으로 예상됩니다. 이런 방식으로 날마다 수면을 평가할 수가 있습니다. 그림 5.4는 약 2주에 해당하는, 어느 간호사의 실제 수면을 수리 모델을 이용해 평가한 것입니다.

첫 번째 수면은 실제 수면 시간(검은색 막대)이 수리 모델이 예측한 필요 수면 시간(회색 막대)보다 길기에 충분 수면(파란색 박스)입니다. 반면 두 번째 수면은 실제 수면 시간이 필요 수면시간보다 짧기에 불충분 수면(빨간색 박스)입니다.

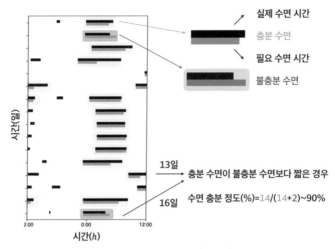

그림 5.4 실제 수면 시간이 충분한지를 평가하는 수면 충분 정도.

재미난 것은 13번째 수면 시간이 16번째 수면 시간에 비해 짧음에도 13번째 수면은 충분 수면이고 16번째 수면은 불충분 수면이라는 것입니다. 이런 일은 왜 발생할까요? 비밀은 매일 필요 수면 시간(회색 막대)이 일정하지 않다는 점에 있습니다. 변화무쌍한 필요 수면 시간으로 인해, 어떤 날은 5시간만 자도 충분하지만 어떤 날은 7시간을 자더라도 불충분한 것이지요.

이를 바탕으로 저는 수리 모델이 예측한 필요 수면 시간과 실제 수면 시간을 비교해 수면의 충분 정도를 평가하는 지표인 수면 충분 정도 Sleep Sufficiency를 개발했습니다.[12] 전체 수면 중 몇 퍼센트가 충분한 수면인지, 즉 전체 박스들 가운데 파란색 박스가 얼마나 많은지를 계산한 것입니다. 이 간호사는 수면 충분 정도가 90퍼센트 정도로 매우 훌륭한 수면 패턴을 가지고 있습니다. 이 방식으로 이번에는 간호사 3명의 수면 패턴을 비교해 보았습니다. 그림 5.5를 보면, 이 간호사들의 평균 수면 시간TST은 6.65~6.98시간으로 비슷합니다. 그럼에도 수면 충분 정도는 서로 매우 다릅니다. 왼쪽에서 오른쪽으로 갈수록 파란색 박스가 줄어드는 것이 보이지요? 즉, 평균 수면 시간은 서로 비슷하지만 왼쪽 간호사는 필요 수면에 맞게 수면을 잘 분배한 것이고, 오른쪽 간호사는 몸이 필요로 하는 필요 수면을 충족하지 못했습니다. 놀라운 점은 주간 졸림 정도ESS는 오히려 오른쪽 간호사가 더 높다는 것입니다! 이 결과를 바탕으로, 평균 수면 시간이 비슷하더라도 수리 모델이 예측하는 필요 수면을 따라 수면을 잘 분배할수록 주간 졸림 정도가 감소할 것이라고 예상할 수 있습니다.

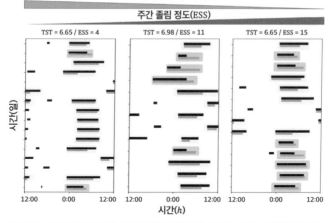

그림 5.5 간호사 3명의 실제 수면 시간(검은색 막대)과 필요 수면 시간(회색 막대)을
비교한 그래프.

　연구에 협조한 전체 간호사들을 대상으로 그래프를 그려
보면 이러한 패턴은 더 명확해집니다(그림 5.6). 수리 모델이
예측하는 수면 패턴에 맞추어 잠을 잘수록(즉, 수면 충분 정도
가 증가할수록) 주간 졸림 정도가 감소합니다.

　그러면 수면 충분 정도는 실제로 어떻게 늘릴 수 있을까
요? 바로 취침 시간에 따라 수면 시간의 길이를 자연스럽게
조정하는 것입니다. 교대 근무자의 취침 시간은 오전, 오후,

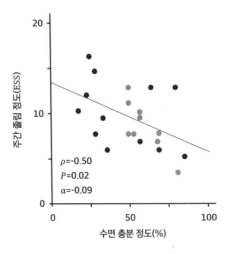

ρ=-0.50
P=0.02
α=-0.09

그림 5.6 수면 충분 정도가 증가할수록 낮아지는 주간 졸림 정도.

밤, 새벽으로 다양합니다. 어떤 교대 근무자는 하루에 6시간
은 무조건 자야 한다는 생각에 취침 시각과 무관하게 항상
같은 시간을 자려고 합니다. 그런데 이러면 오히려 불충분
수면이 나올 확률이 높다는 것이 수리 모델의 예측이었습니
다. 한편 길게 자기 어려운 오전 수면은 짧게 하고 긴 잠을
자기 쉬운 밤 수면은 길게 하면 수면 충분 정도가 늘어날 확
률이 커진다는 것이 수리 모델의 예측이었습니다.

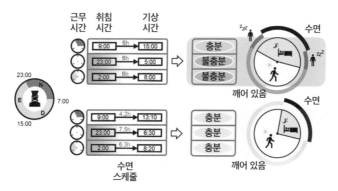

그림 5.7 수면 시각에 관계없이 늘 같은 시간을 자는 근무자와 수면 시각에 따라 수면 시간을 조정하는 근무자의 수면 충분 정도.

모델이 예측하는 바를 검증하기 위해 교대로 근무하는 간호사들을 근무 중 주간 졸림증을 호소하는 그룹과 그렇지 않은 그룹으로 나누었습니다. 그리고 나서 취침 시각에 따라 수면 시간의 길이가 어떻게 변하는지를 살펴보았습니다. 모델이 예측한 대로, 높은 주간 졸림증 그룹은 취침 시간에 관계없이 늘 유사한 수면 시간을 가지기 위해 노력하고 있었습니다. 반면, 낮은 주간 졸림증 그룹은 밤잠은 길고 아침잠은 짧은 자연스러운 수면 패턴을 취하고 있었습니다.

이렇게 수학과 의학 데이터를 결합해 2021년에 마침내

'왜 같은 시간을 자더라도 졸림 정도가 다른가?' 하는 의문을 해결할 수 있었지요. 이 연구를 학계에만 소개하다가, 2023년에는 유튜브 채널 〈안될과학〉에서 일반인들을 대상으로 소개할 기회가 생겼습니다. 그때 기회가 닿으면 필요 수면 시간을 체크해 주는 애플리케이션을 개발해 배포하고 싶다고 말했는데, 수많은 교대 근무자들이 그런 애플리케이션이 필요하다는 댓글을 남겨주었습니다.

"삼교대 근무자입니다. 생활 리듬이 계속 바뀌니까 잠 때문에 너무 힘들어요. 개발 중인 앱 정말정말 기대됩니다!"
"수면 애플리케이션이 출시되면 〈안될과학〉에서 다시 한번

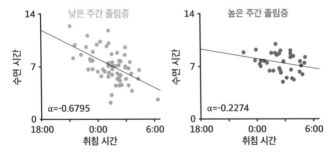

그림 5.8 취침 시간에 따라 수면 시간을 조정한 그룹과 취침 시간에 관계없이 늘 일정한 수면 시간을 가진 그룹 간의 주간 졸림증 차이.

알려주세요! 그때까지 잠 안 자고 참겠습니다!"

"어느 날은 20시간 넘게 촬영하고, 어느 날은 한가하고, 또 어느 날은 밤샘하는 영상 프리랜서입니다……. 항상 피곤하고 졸려서 오늘은 언제 잘까, 밤새우고 패턴을 리셋할까 하는 고민을 합니다. 잠을 관리할 수 있는 앱이 너무 필요했습니다. 수학의 'ㅅ' 자도 모르는 예체능 계열이지만 항상 세상을 이롭게 해주시는 수학자분들, 과학자분들 너무 감사드립니다!"

이는 하루빨리 애플리케이션을 개발해야겠다는 강한 동기를 심어주었고, 연구실 송윤민 학생과 함께 1년간 노력한 끝에 'SLEEPWAKE'라는 앱을 개발했습니다. 현재는 삼성서울병원 주은연 교수님이 마지막 임상 실험을 진행하고 있지요. 책이 출간될 즈음에는 출시되리라고 조심스럽게 예상해 봅니다.

이 애플리케이션의 근간에는 미적분학이 있는데요. 이것을 스마트폰에 설치하면, 스마트폰이 사용자의 과거 수면 패턴을 분석하는 미적분학 수식을 풀고 최적의 수면 패턴을 찾아줍니다. 이 앱이 제안하는 수면 패턴을 따라 하기만 하면 같은 시간을 자더라도 다음 날 덜 졸릴 것입니다.

시험 시간의 컨디션을 예측하고 조절하기

수면 압력과 일주기 리듬의 상호작용을 묘사하는 수리 모델을 이용하면, 우리의 각성alertness 정도를 실시간으로 예측할 수 있습니다(그림 5.9). 수면 압력이 수면 역치보다 높아지면 졸린 상태가 되어 각성 정도가 낮아지고, 수면 압력이 수면 역치보다 낮아지면 깨어남 상태가 되어 각성 정도가 높아지기에 이러한 예측이 가능한 것이지요.

수면 압력과 수면 역치의 차이가 실제로 각성 정도를 잘 예측하는지 주은연 교수님, 최수정 교수님과 함께 임상 실험을 진행했습니다. 먼저 1개월간 교대 근무를 하는 간호사들의 근무를 시작할 때의 각성 정도와 근무를 마칠 때의 각성 정도를 조사했습니다(그림 5.10). (이때 캐롤린스카 졸림 지수Karolinska Sleepiness Scale, KSS라는 척도를 활용했습니다.)

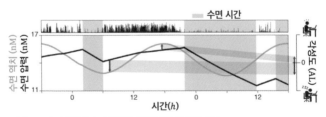

그림 5.9 수면 압력과 수면 역치의 차이로 예측한 각성 정도.

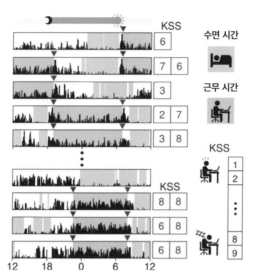

그림 5.10 캐롤린스카 졸림 지수(KSS)로 나타낸 교대 근무 시작 시(파란색 숫자)와 근무 종료 시(빨간색숫자)의 각성 정도.

실제 간호사들의 각성 정도와 수리 모델이 예측한 각성 정도를 비교했더니, 놀랍게도 수리 모델의 예측은 매우 정확했습니다. 그림 5.11의 그래프에서도, 다른 형태의 교대 근무를 하는 다른 대표적인 간호사 4명의 각성 정도와 수리 모델이 예측한 각성 정도[AL]가 잘 일치한다는 것을 확인할 수 있습니다(그림 5.11).[13]

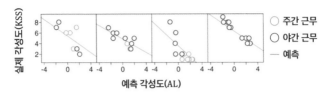

그림 5.11 교대 근무 간호사들의 실제 각성 정도와 수리 모델의 예측한 각성 정도. 주황색 동그라미와 검은색 동그라미는 각각 주간과 야간 교대 근무 시의 각성 정도를 나타낸다.

이러한 연구 결과를 바탕으로 제작된 애플리케이션 SLEEPWAKE에서는 사용자 각성 상태의 변화가 실시간으로 예측됩니다(그림 5.12). 예를 들어, 앱을 사용하면 주말 사이 평소와 다른 수면 패턴을 취할 때 월요일 오전에 각성 상태가 좋지 않아 '월요병'이 나타나는 것을 볼 수 있습니다. 해외 출장으로 생기는 시차 부적응으로 낮 시간대의 각성 상태가 매우 좋지 않다는 것도 확인할 수 있지요. 더 나아가, 오늘 어떻게 자야 내일 딱 원하는 시간에 좋은 각성 상태를 유지할 수 있는지도 알려줍니다. 예를 들어, 다음 날 오전 9시부터 오후 5시까지 예정된 시험에서 높은 각성 상태를 유지하고 싶다고 입력하면 그날 어떻게 자야 다음 날 좋은 컨디션을 유지할 수 있는지를 알려줍니다. 이 모든 것은 수리 모델이 우리가 어떻게 자는지에 따라 다음 날 각성 상태가 어떻게 달라지는지를 예측해 주기에 가능한 것입니다.

9개의 질문으로 진단하는 수면 질환

성인 절반 이상이 불면증과 수면무호흡증과 같은 수면 질환이 있다고 합니다. 수면 질환은 수면다원검사를 통해 진단받게 되는데요. 신체 신호를 측정하는 다양한 장치를 몸에 부착하고 병원에서 하룻밤을 자야 하는 검사인 만큼, 많은 이들이 수면다원검사를 기피합니다. 그러다 보니 수면 질환을 가지고 있더라도 대부분 그 사실을 알지 못한 채로 지내

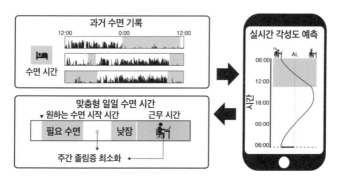

그림 5.12 매일 최상의 각성 상태를 유지하도록 맞춤형 수면 패턴을 제공하는 애플리케이션.

는 것이지요. 수면을 연구하는 저조차도 검사를 받은 적이 없었는데, 2020년 겨울에 이르러서야 처음 검사를 받아보았습니다.

평소 머리만 닿으면 잠드는 편이고, 심지어 지하철에서 선 채로 잠들 정도로 자는 일만큼은 자신 있던 터라 내심 좋은 결과를 기대하고 있었습니다. 그런데 웬걸, 수면무호흡증이 있다는 것이었습니다. 처음에는 의사가 농담을 하는 것인가 생각했는데, 실제 녹화된 영상과 측정된 뇌파 결과들을 보니 1시간 동안 수십 번이나 호흡이 멈추는 무호흡이 발생했습니다. 평소 오랜 시간 잠을 자도 늘 피곤해서 그냥 일이 많아 그런 것이겠거니 생각했는데, 그동안 잠을 제대로 못 잔 것이었습니다! 다행히 수면무호흡 초기 단계였기에 수술이나 양압기 치료가 필요하지는 않았고, 커피를 끊고 체중을 조절해 보라는 이야기를 들었습니다. 커피를 끊고 체중 조절에 성공한 지금은 정말이지 많이 나아졌습니다. 아침마다 훨씬 가벼운 상태로 일어나고 있지요.

그때의 경험으로 저 같은 사람이 아주 많을지도 모른다는 생각이 들었습니다. 더 나아가, 인생의 3분의 1을 차지하는 수면이 망가졌음에도, 그 사실을 모른 채로 평생을 살아가는 이들을 도와주고 싶다는 생각이 들었습니다. 다시 한 번 삼성서울병원의 주은연 교수님과 이 문제에 대해 논의했고, 집에서 누구나 해볼 수 있는 간단한 설문을 바탕으로 수면 질환을 검사하는 인공지능 알고리즘을 만들어 보자는 결론에 다다랐습니다.

수면다원검사를 받기 전에는 키, 몸무게, 허리둘레, 목둘레 등 여러 신체 지표를 체크하고, 수면에 관한 기본적인 설문을 실시하는데요. 기존의 수면다원검사 결과와 설문 결과를 적절히 이용하면, 검사 과정이 까다로운 수면다원검사를 받지 않고도 수면 질환을 예측해 주는 인공지능 알고리즘을 만들 수도 있겠다 싶었지요. 저희는 삼성서울병원에서 5,000여 명을 대상으로 시행한 기존 수면다원검사의 결과

그림 5.13 행렬로 정리한, 40문항의 설문에 대한 5,000여 명의 답변과 진단 결과.

를 분석했습니다.

먼저 40문항의 설문에 대한 5,000여 명의 답변을 나열했는데요. 이때 각각의 행에는 수면다원검사 참가자들이, 각각의 열에는 질문에 대한 답변이 오도록 정리했습니다(그림 5.13). 그리고 마지막 열에는 수면다원검사의 결과를 바탕으로 진단받은 수면 질환을 적었지요. 이렇게 숫자를 행과 열로 정리한 것을 '행렬matrix'이라고 합니다. 이제 우리의 목표는 검사자들의 설문 답변(X)을 이용해 수면다원검사로 진단받은 수면 질환(Y)을 예측하는 것입니다. 수학적으로 표현하자면, 이는 $Y = f(X)$가 되는 함수 f를 찾는 것입니다. 즉, 번호를 입력하면 그에 대응하는 노래가 재생되는 노래방 기계처럼, 설문의 답변을 집어넣으면 다양한 수면 질환이 출력되는 함수 $Y = f(X)$를 찾는 것이지요.

$$X \quad\quad Y$$

$$\begin{pmatrix} 1 \\ 2 \\ 3 \\ 4 \end{pmatrix} \quad \begin{pmatrix} 2 \\ 3 \\ 4 \\ 5 \end{pmatrix}$$

X와 Y가 앞의 행렬과 같이 주어지면 함수는 무엇일까요? X에 1을 더하면 Y 값이 나오는 것을 쉽게 알 수 있습니다. 따라서 이 경우에는 $Y = f(X) = X+1$이 됩니다. 그러면 조금 더 복잡한 경우를 다루어 봅시다. 이제 X가 두 종류의 값을 가지고 있습니다. X_1과 X_2로 Y를 예측하는 함수는 무엇일까요?

$$
\begin{array}{cc}
X_1 & X_2 \\
\end{array} \qquad Y
$$

$$
\begin{pmatrix} 2 & 1 \\ 3 & 2 \\ 7 & 3 \\ 4 & 4 \end{pmatrix} \qquad \begin{pmatrix} 2 \\ 12 \\ 63 \\ 64 \end{pmatrix}
$$

앞의 경우보다 쉽지 않지요? 답은 $Y = X_1 {}^* X_2 {}^* X_2$입니다. 답을 알고 나면 쉽게 계산할 수 있는데, 행렬이 조금만 복잡해도 답을 찾는 것은 매우 어려워집니다. 자, 그러면 원래의 우리 문제로 돌아가 볼까요? 각각의 열을 $X_1, X_2, \cdots, X_{40}$으로 두고 Y를 예측해야 하는데, 이때 모두 5,000여 명의 검사자들이 있기에 거의 5000*40 = 20000개의 숫자를 보고 함수를 예측해야 합니다. 어떤가요? 일일이 손으로 푸는 것은 불가능합니다. 다행히도 인공지능의 빠른 발달로 이러한 함수도 손쉽게 찾을 수 있게 되었습니다.

참고로, 인공지능도 다름 아닌 함수입니다. 예를 들어, 개나 고양이의 사진(X)을 집어넣으면 개인지 고양이인지 판단해 답(Y)을 주는 인공지능도 $Y = f(X)$의 형태를 갖습니다. 주어진 바둑판(X)을 바탕으로 다음 수(Y)를 예측하는 알파고도 $Y = f(X)$ 꼴의 함수이지요. 주어진 도로 상황(X)을 바탕으로 어떻게 속도를 조절하고 핸들을 조정할지 결정(Y)을 내리는 자율주행 인공지능도 $Y = f(X)$ 함수입니다. 인공지능의 f가 매우 복잡해서 학교에서 배우는 간단한 수식으로 표현할 수 없을 뿐이지요.

저희도 2만여 개에 달하는 X, Y의 쌍을 인공지능 알고리즘에 입력해 복잡한 $Y = f(X)$ 함수를 찾았습니다.[14] 결과를 살펴보니, 두 가지 점에서 놀라웠습니다. 먼저, 처음에는 40개의 X를 가지고 예측하려고 했지만 그중 실제로 필요한 것은 단 9개뿐이었습니다. 키, 몸무게, 성별, 나이, 그리고 수면에 관한 5개의 설문 문항이었지요. 두 번째는 이 9개 질문에 대한 답변만 있으면 수면무호흡증, 불면증, 불면증을 동반하는 수면무호흡을 90퍼센트 이상의 정확도로 예측할 수 있다는 것이었습니다. 이 알고리즘의 이름을 'SLEEPS'라고 붙였는데, 알고리즘의 정확도를 다시 한번 테스트하기 위해 저는 이화여자대학교 서울병원 신경과 김지현 교수님과 함께 이화여자대학교 병원에서 검사를 받은 500여 명의 데이터에 SLEEPS를 적용해 보았습니다. 놀랍게도, SLEEPS는 마찬가지로 90퍼센트 이상의 정확도로 수면 질환을 진단해 냈지요.

저희는 SLEEPS를 웹사이트(https://sleep-math.com/)에 공개해, 1분간의 설문 조사를 받으면 누구나 간단하게 수면 질환을 자가 진단할 수 있도록 했습니다. 반응은 놀라웠습니다. 웹사이트를 공개하고 1개월 동안 무려 수만 명이 방문해 SLEEPS를 사용했습니다. SLEEPS로 자가 진단을 해보고 수면 질환이 의심되어 검사를 받으러 오는 이들이 급증했다는 이야기를 수면 전문의들에게 들을 때마다 뿌듯함을 느낍니다.

인공지능의 발달로 $Y = f(X)$을 손쉽게 찾을 수 있는 시대가 되었습니다. 이를 이용하면 무궁무진하게 많은 일을 할 수 있고, 이는 지금 벌어지고 있는 4차 산업혁명의 골자이기도 합니다. 그렇다면 인공지능을 어떻게 이용할 수 있을까요? 먼저 손쉽게 구할 수 있는 데이터 X가 무엇인지 탐색해 보아야 하고, 그 X를 이용해 어떻게 그보다 더 쓸모 있는 정보 Y로 변경할 수 있을지에 관한 아이디어가 필요합니다. 앞선 연구에서는 비교적 쉽게 구할 수 있는 설문 정보 X로, 검사 과정이 까다로운 수면 다원 검사로 진단받은 수면 질환 Y를 예측하고자 했습니다. 두 번째는 아이디어를 구현할 수 있는 데이터를 수집하는 것입니다. 온라인에 공개되어 있는 데이터라면 상관없지만, 대부분의 경우에는 그렇지 않기에 그 분야의 전문가들과 협력해야 합니다. 마지막으로, 인공지능 알고리즘을 사용할 줄 알아야 합니다. 요즘은 워낙 좋은 인공지능 패키지들이 개발되어 있어서, 어느 정도의 프로그래밍 경험만 가지고 있으면 유튜브 영상 몇 개만으로도 사용법을 금방 배울 수 있습니다. 하지만 이는 어디까지나 기초적인 수준이고, 인공지능을 제대로 활용하려면 데이터를 기하 공간에서 바라볼 수 있는 능력이 필요합니다. 이때 필요한 수학이 바로 행렬과 벡터이지요. 예전에는 문과생도 행렬을 배웠고 이과생이라면 누구나 벡터를 배웠는데, 지금은 그렇지 않다는 점이 마치 우리가 4차 산업혁명 시대에 역행하는 듯해 안타까울 따름입니다.

인공지능의 본질은 $Y = f(X)$이고, 인공지능을 제대로 활용하려면 데이터를 기하적인 구조로 바라보는 행렬과 벡터에 대한 이해가 필수적입니다.

6장

팬데믹과
사회적
거리 두기의
수학

예상치 못한 뜨거운 관심

2022년 2월, 코로나19의 변이인 오미크론의 출현으로 전세계가 다시 한번 긴장하던 시기였습니다. 이때 수리 모델로 코로나19의 미래를 예측하는 연구에 관한 논문을 작성했는데, 하루빨리 사람들에게 알려야겠다는 생각으로 프리프린트preprint 서버(정식으로 출간되기 전의 논문을 올리는 곳)인 메드아카이브MedRxiv에 올렸습니다. 그로부터 며칠 뒤, 이 연구 결과를 전 세계 사람들이 SNS에 수백 차례 업로드한 것을 알게 되었습니다. 저의 논문들 가운데 이렇게 큰 관심을 받은 것은 처음이라, 왜 그런가 싶어 다양한 언어로 작성된 게시글들을 번역기에 돌려보았습니다. 그러고 나서야 독일의 한 인플루언서 과학자가 여러 국가의 강력한 사회적 거리 두기 정책을 비판하며 해당 연구를 거의 매일같이 언급하고 있다는 것을 알게 되었고, 많은 이들도 이에 동조하고 있다는 것을 알게 되었습니다.

"필독: 정부는 직관에 반하는 행동으로 COVID19의 심각성을 더하고 있는 것은 아닌지?"
"정부는 비합리적으로 행동하며 COVID19의 위험을 높이고 있습니다."

다른 한편으로는 다음과 같이 아이슬란드 정부의 정책을 찬성하는 데도 우리 연구를 인용했습니다.

"아이슬란드는 #pandemic COVID19에 올바르게 대처하고 있습니다."

SNS 게시글들을 통해 우리 연구가 현실에 곧바로 영향을 미치는 모습을 지켜보자, 지난 몇 달간 고생한 것이 보상받는 듯해 뿌듯하면서도 한편으로는 조금 무서웠습니다. '우리의 예측이 틀렸으면 어떡하지?'

코로나19 종식 연구의 시작

이 연구는 2021년, 그러니까 몇 주면 끝날 것이라고 예상한 코로나19가 1년 넘게 지속되며 모두가 지쳐갈 무렵, 모르는 번호로 걸려온 전화 한 통에서 시작되었습니다. 그해 8월에는 몇몇 유럽 국가에서 이미 사회적 거리 두기나 방역 대책을 완화하고 코로나19 이전의 일상으로 돌아가는 정책을 받아들일지 고민하고 있었는데, 한국 정부에서는 여전히 코로나19 확진자 수가 늘어나면 사회적 거리 두기를 강화하고(사적 모임을 4명 이하로 제한 등), 줄어들면 다시 완화하기를 반복하고 있었지요.

전화의 주인은 아산의학상 수상자이자 바이러스 면역 분야의 국내 최고 전문가인 KAIST 신의철 교수님이었는데, 당시 교수님은 코로나19 방역과 관련해 활발히 활동하고 있었지요. 같은 학교에 있었지만 한 번도 직접 만나본 적은 없었는데, 1시간가량 대화하는데 너무 재미있어서 시간 가는 줄도 모르고 통화했습니다. 하지만 통화의 요점은 간단했습니다. 코로나19 확진자 수를 0명으로 만들겠다는 실현 불가능한 목표를 위해 정부와 온 국민이 노력하고 있는데, 누군가는 코로나19와 공존하려면 어떻게 해야 하는지 현실적으로 고민해야 하지 않겠느냐는 것이었습니다. 수학자로서 이 일에 도움을 달라는 것이었지요.

처음에는 코로나19가 저의 연구 분야와 달라 조금 망설였지만, 누군가는 코로나19와 공존하는 미래를 계획해야 한다는 생각에 크게 공감했고 결국 함께 연구하게 되었습니다. 하지만 무엇보다도 대화가 잘 통하는 연구자와 진행하는 공동 연구이기에 승낙한 것이었는데요. 다양한 분야의 연구자들 수십 명과 협력한 지난 10여 년간의 경험을 통해, 대화가 잘 통하는 연구자와 함께 진행하는 연구가 더 즐거울 뿐만 아니라 성공률도 더 높다는 점을 알고 있었기 때문이지요. 연구 팀에는 코로나19 역학 분야 수리 모델링 및 데이터 분석 전문가인 최선화 박사(국가수리과학연구소), 이효정 교수(경북대학교), 최보승 교수(고려대학교 세종캠퍼스), 감염 전문가인 노지윤 박사(고려대학교 의과대학)가 합류했고, 연구실 안에서 가장 훌륭한 연구 성과를 내고 있던 홍혁표

학생(현재 미국 위스콘신대학교 수학과 교수)이 연구를 주도하기로 했지요.

연구 팀을 구축하고 신의철 교수님과 첫 미팅을 가진 날이었습니다. 신의철 교수님은 코로나19가 전염되는 과정을 설명하는 기존 방식의 문제점을 지적했습니다. 바로 면역이 고려되지 않았다는 것이었습니다. 그러고 나서는 거의 2시간에 걸쳐 면역이 왜 코로나19 전염을 이해하는 데 필수적인지를 설명했는데, 마치 일타 강사의 강의를 듣는 것처럼 쉽게 설명해 주신 덕분에 해당 분야에 대한 이해도가 낮은 저조차도 곧바로 이해할 수 있었습니다. 이를 바탕으로 며칠 만에 코로나19 감염 현상과 감염으로 인한 면역을 묘사하는 수리 모델의 기초를 만들 수 있었으니까요. 보통 다른 분야의 연구자들과 공동 연구를 시작하면 서로를 이해하는 데만 몇 개월이 소요되는데, 연구가 이토록 수월하게 진행되는 것이 참 신기했습니다. 알고 보니, 신의철 교수님은 20여 년 전 군의관 시절에 수리 모델링을 공부하고자 연세대학교 박은재 교수님을 찾아가 자문을 구하는 등 수리 모델링과 의학을 접목하는 데 관심이 많은 분이었습니다.

신의철 교수님 설명의 핵심은 코로나19에 감염되거나 백신 접종을 맞은 이들이 두 가지 면역을 얻는다는 데 있었습니다(그림 6.1). 하나는 코로나19 재감염을 막아주는 중화항체 면역이고, 다른 하나는 코로나19에 걸리더라도 덜 아프게 해주는 T 세포 면역입니다. 그런데 중화항체 면역은 짧게 유지되기 때문에 우리가 백신을 맞고도 몇 달이 지나면 코로나에 다시 걸리게 되는데, 이를 '돌파 감염breakthrough infection'이라고 합니다. 반면 T세포 면역은 몇 년간 오래 유지되기 때문에 돌파 감염으로 코로나19에 걸리더라도 덜 아프게 하고 중증으로 치달을 확률을 낮추어 줍니다. 백신의 역할이 코로나19에 덜 걸리게 하는 것뿐만 아니라 걸리더라도 덜 아프게 하는 데 있는 셈이지요. 한편, 돌파 감염을 겪고

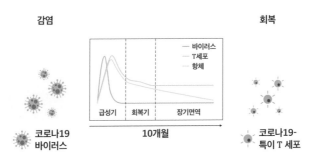

그림 6.1 중화항체 면역과 T 세포 면역의 유지 기간. 코로나19 감염 또는 백신 접종 후, 중화항체 면역은 수개월 내로 약해지지만 T 세포 면역은 장기간 유지된다.

몸이 회복했을 때도 백신을 맞은 것처럼 중화항체 면역과 T 세포 면역 반응이 모두 증강됩니다.

신의철 교수님이 설명한 코로나19 전파 현상과 면역 반응을 미분방정식으로 번역하기 위해 먼저 그림 6.2와 같이 수리 모델 다이어그램을 그렸습니다. 이때 수리 모델 다이어그램을 구성하는 변수들을 정해야 하는데, 이를 위해서는 먼저 인구를 여러 종류의 집단으로 나누어야 합니다. 성별이나 나이 등으로 인구 집단을 나눌 수도 있겠지만, 우리 연구에서는 코로나19의 면역 반응이 핵심이므로 코로나 감염을 막아주는 '중화항체 면역'과 코로나에 걸리더라도 덜 아프게 해주는 'T 세포 면역' 유무에 따라 인구를 다섯 집단으로 나누었습니다(그림 6.2).

먼저 코로나19에 걸리지 않은 사람들을 세 집단으로 나누었습니다. 코로나19에 걸린 다음 회복되었거나 백신을 접종하고 나서 중화항체 면역과 T 세포 면역을 모두 가지게 되어 감염되지 않는 회복 집단(R), 회복 집단 가운데 시간이 지남에 따라 중화항체 면역을 잃어버리고 T 세포 면역만을 가지게 된 집단(S_L), 시간이 더 지나 T 세포 면역마저 잃어버린 집단(S_H)이 그것입니다. 그리고 코로나에 감염된 사람들은 중증 환자 집단(I_S)과 경증 환자 집단(I_M)으로 나누었습니다.

이렇게 나눈 각 그룹은 모델의 변수가 됩니다. 모델 다이어그램의 변수를 정하면, 이 변수들 사이의 관계를 의학과

	중화항체 면역	T 세포 면역
R	+	+
S_L	−	+
S_H	−	−
I_S	코로나19 중증	
I_M	코로나19 경증	

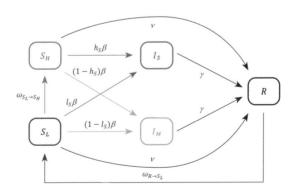

그림 6.2   코로나19 전파 현상과 면역 반응을 고려한 수리 모델 다이어그램.

과학적 사실에 근거해 나타낼 수 있습니다(그림 6.2 아래). 이 과정에서 신의철 교수님과 같은 해당 분야 전문가가 필요한 것이지요. 그러면 다이어그램이 왜 그림 6.2 아래와 같이 그려지는지 한번 알아봅시다.

먼저 다이어그램의 제일 오른쪽에 있는 회복 집단(R)은 시간이 지나면 중화항체 면역을 잃어버리고 T 세포 면역만을 가지는 집단(S_L)으로 변하는데, 이는 R에서 S_L로 가는 화살표로 나타낼 수 있습니다. 그리고 화살표 옆을 보면 $\omega_{R \to S_L}$이라는 글자가 있는데, 이는 R에서 S_L이 되어가는 속도를 나타내는 상수입니다. 면역을 잃는 데 걸리는 시간이 짧아지면 짧아질수록 그 속도는 빨라지기 때문에 이 속도 상수는 커집니다.

다이어그램의 왼쪽 아래 S_L에 속한 사람들은 중화항체 면역이 없기 때문에 코로나19 환자와 접촉하면 감염이 될 수 있습니다. 하지만 이렇게 감염되더라도 T 세포 면역을 가지고 있기에 중증 환자 집단(I_S)으로 넘어갈 확률은 낮고, 높은 확률로 경증 환자 집단(I_M)에 속하게 됩니다. 따라서 중증환자 집단(I_S)이 되는 속도의 상수 $l_S \beta$는 경증 환자 집단(I_M)이 되는 속도의 상수 $(1 - l_S)\beta$에 비해 작습니다.

반면 S_L에 속한 사람이 오랫동안 감염에 걸리지 않으면 T 세포 면역도 사라진 집단(S_H)에 속하게 됩니다(속도 상수는 $\omega_{S_L \to S_H}$). 이 집단(S_H)에 속한 사람이 감염되면, 면역을 가지고 있지 않기에 S_L에 속한 사람들에 비해 더 높은 확률로 중증 환자 그룹(I_S)에 속하게 되고 낮은 확률로 경증 환자(I_M)가 되지요. 즉, $h_S\beta$는 $l_S\beta$ 비해 크지만 $(1 - h_S)\beta$는 $(1 - h_S)\beta$에 비해 작습니다.

한편, 중증 환자 집단(I_S)과 경증 환자 집단(I_M)이 γ의 속도 상수로 회복하면 중화항체 면역과 T 세포 면역을 가진 회복 집단(R)이 됩니다. 또한 코로나에 감염되지 않고도 백신을 맞으면 중화항체 면역과 T 세포 면역을 획득한 회복 집단(R)이 될 수 있지요. 이를 나타낸 것이 S_L과 S_H에서 R로 가는 두 화살표로서, 이것의 속도 상수는 ν입니다. ν는 백신 개발 상황과 국가의 상황에 따라 달라집니다. 예를 들어, 코로나 19 발생 초기에는 백신이 없었으니 $\nu = 0$이고, 백신 개발 초기에는 일부만 맞을 수 있었기에 ν는 작았지만, 이후에는 그 값이 점점 증가했습니다.

이제 미적분학을 이용해 이러한 모델 다이어그램을 수리 모델로 번역하는 과정이 남아 있습니다. 모델 다이어그램에서 면역 없는 집단(S_H)을 보면 들어오는 화살표 1개와 나가는 화살표 3개가 있습니다. 따라서 면역 없는 집단(S_H)의 변화 속도를 묘사하는 미분방정식은 이 네 가지 현상을 번역해야 합니다. 먼저 면역 없는 집단(S_H)으로 들어오는 화살표는 T 세포 면역을 지닌 집단(S_L)에서 면역이 없는 집단(S_H)으로의 변화를 묘사합니다. 이 변화 속도는 T 세포 면역을 지닌 집단(S_L)의 구성원 수에 비례하기 때문에 $\omega_{S_L \to S_H} S_L$이 됩니다. 나가는 화살표 중 하나는 백신을 맞고 회복 집단(R)으로 변화하는 것을 묘사하는데, 그 속도는 면역 없는 집단(S_H)의 구성원 수에 비례하기 때문에 νS_H가 됩니다. 또한 감염되는 속도는 면역 없는 집단(S_H)과 감염 집단($I_S + I_M$)이 만날 확률에 비례하기 때문에 두 집단의 구성원 수의 곱에 비례하며 $\beta(I_S + I_M)S_H$가 됩니다. 이 가운데 중증 환자가 되는 속도는 $\beta h_S(I_S + I_M)S_H$가 되고, 경증 환자로 넘어가는 속도는 $\beta(1 - h_S)(I_S + I_M)S_H$가 됩니다. 들어오는 화살표에 해당하는 속도인 $\omega_{S_L \to S_H} S_L$에서 화살표 3개에 해당하는 속도인 νS_H, $\beta h_S(I_S + I_M)S_H$, $\beta(1 - h_S)(I_S + I_M)S_H$를 빼면, 비로소 면역 없는 집단($S_H$)의 변화를 묘사하는 미분방정식을 유도할 수 있습니다. 나머지 식들은 여러분에게 숙제로 남기겠습니다.

$$\frac{dS_H}{dt} = \omega_{S_L \to S_H} S_L - \beta(I_S + I_M)S_H - \nu S_H$$

$$\frac{dS_L}{dt} = \omega_{R \to S_L} R - \beta(I_S + I_M)S_L - \nu S_L - \omega_{S_L \to S_H} S_L$$

$$\frac{dI_S}{dt} = \beta(I_S + I_M)(h_S S_H + l_S S_L) - \gamma I_S$$

$$\frac{dI_M}{dt} = \beta(I_S + I_M)((1 - h_S)S_H + (1 - l_S)S_L) - \gamma I_M$$

$$\frac{dR}{dt} = \gamma(I_S + I_M) + \nu(S_H + S_L) - \omega_{R \to S_L} R$$

수학이 보여준 코로나19의 역설적인 미래

이제 남은 일은 컴퓨터를 이용해 이 미분식들을 적분해 미래를 예측하는 것이었습니다. 다시 말해, 사회적 거리 두기를 어떤 강도로 유지하는지에 따라 코로나19가 토착화되었을 때 우리나라 인구 가운데 몇 명이나 경증 코로나19 감염자가 되고 또 몇 명이나 중증 코로나19 감염자가 되는지 계산해 보았는데, 결과는 놀라웠습니다.[15]

사회적 거리 두기가 약화되면 감염 확률이 높아지며 코로나19에 걸린 사람 1명이 다른 사람을 감염시키는 수(감염 재생산 지수, R_0)가 커집니다. 감염 재생산 지수가 1보다 작으면 전염병은 자연스레 사라지는데, 코로나19 초기에는 강력한 사회적 거리 두기를 통해 이 숫자를 1보다 작게 만들고자 했지만 코로나19의 강력한 전염성으로 불가능했습니다. 사회적 거리 두기가 강화되었을 때는 감염 재생산 지수가 1과 2 사이로 유지되었고, 사회적 거리 두기가 완화되었을 때는 2와 3 사이로 유지되었습니다. 거리 두기 조치가 해제되었을 때는 3에서 5 정도 될 것으로 예상되었습니다.

먼저 사회적 거리 두기를 완화한 상황을 묘사하기 위해 미분방정식에서 감염 속도 상수 β를 크게 만들고, 수리 모델이 예측하는 확진자 수($I_S + I_M$)를 계산했습니다. 그림 6.3의 그래프에서처럼, 사회적 거리 두기를 완화하면 감염 재생산 지수가 커지며 코로나19 감염이 활발하게 일어나기에 코로나19 감염자 수도 그에 따라 매일 늘어납니다(그림 6.3 왼쪽). 감염 재생산 지수가 3 정도일 때는 매일 감염되는 비율이 인구의 약 0.1퍼센트 정도인데, 우리나라로 치면 몇만 명 수준에 해당합니다. 이러한 계산 결과를 얻었을 때는 하루 확진자가 100여 명만 되어도 비상이 걸리던 상황이었기에 몇만 명이라는 숫자가 잘 와닿지 않았습니다. 하지만 2024년 7월 기준으로, 실제로 사회적 거리 두기를 해제한 지금은 코로

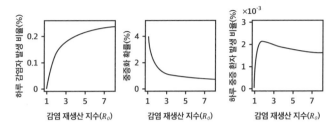

그림 6.3   사회적 거리 두기 강도에 따라 변하는 확진자 수, 중증화 확률, 중증 환자 수.

나19에 걸리는 사람이 매일 몇만 명에 달한다고 합니다.

　다음으로 확진자들 가운데 어느 정도의 비율이 중증 환자 ($I_S/(I_S + I_M)$)가 되는지 계산해 보았습니다(그림 6.3 중간). 놀랍게도, 사회적 거리 두기가 해제되어 확진자가 늘어나면 그중에서 중증 환자의 비율은 감소했습니다. 코로나19 감염이 활발하게 일어나면 면역 강화가 일어나, 코로나19에 걸리더라도 대부분 경증에 머물기 때문입니다. 즉, T 세포 면역만 가진 집단(S_L)이 면역을 잃어버리기 전 코로나에 걸리면 대부분 경증 환자(I_M)가 되는 것입니다. 반면 사회적 거리 두기가 너무 강력해 오랜 시간 코로나19에 걸리지 않으면, T 세포 면역만 가진 집단(S_L)은 면역을 잃은 집단(S_H)이 되고 이때 코로나19에 걸리면 중증 환자(I_S)로 넘어갈 확률이 커지는 것입니다.

이제 중증 환자 수(I_s)를 예측해야 합니다. 그러려면 하루 확진자 수(그림 6.3 왼쪽)에 중증 환자가 되는 확률(그림 6.3 가운데)을 곱해주면 됩니다. 사회적 거리 두기가 완화될수록 확진자 수는 증가하고 중증 환자가 되는 확률은 감소합니다. 그러면 그 두 수의 곱인 실제 중증 환자 수는 어떻게 될까요? 강력한 사회적 거리 두기(감염 재생산 지수=1)를 일상생활이 가능한 수준의 사회적 거리 두기(감염 재생산 지수=2)로 완화하면, 중증 환자 수가 많아집니다(그림 6.3 오른쪽). 그런데 놀랍게도, 사회적 거리 두기를 완전히 해제해 재생산 지수가 더 높아지면 오히려 중증 환자의 수는 줄어듭니다! 즉, 사회적 거리 두기를 해제하면 전체 코로나19 감염자 수는 늘어나지만 중증 환자의 수는 역설적으로 줄어든다는 예측입니다.

예측에 따르면, 당시 시행 중이던 완화된 사회적 거리 두기를 강력한 사회적 거리 두기로 격상해 유지할 수 없다면 차라리 거리 두기를 당장 해제하는 것이 더 낫다는 결론이었습니다. 이 결과는 2022년 2월에 발표되었는데, 결과 발표 전날까지도 많이 두려웠습니다. 사회적 거리 두기를 유지하자는 주장은 하기 쉬운데, 해제하자고 주장하는 데는 용기가 필요했습니다. 예측이 잘못되어 사회적 거리 두기 해제가 파국을 가져오면 어쩌나 하며 조마조마했습니다. 발표 후 기자들과 인터뷰하면서도 조심스럽다는 말을 반복했지요. 그런데 걱정과 달리, 발표에 대한 반응은 미적지근했습니다. 여전히 코로나19 전파를 막는 것에 전 국민의 관심이 몰려 있었고 사회적 거리 두기 해제는 아예 관심 밖이었던 것입니다. 하지만 이 장의 시작에서 이야기했듯이 오히려 논문이 트위터를 통해 급속도로 퍼져나가며 해외에서 많은 주목을 받았습니다.

연구를 발표하고 2년이 지난 2023년에 일본에서 발표된 자료를 보면, 다행히 예측이 잘 들어맞았던 듯합니다. 그림 6.4의 그래프에서 보면, 사회적 거리 두기를 해제하고 확진자 수가 급속도로 늘어나는 한편 중증 환자 비율이 거의 0으로 크게 줄어 중증 환자 수도 감소했다는 것을 알 수 있습니다. 사회적 거리 두기를 해제하면 중증 환자 수가 오히려 줄어든다는, 우리의 직관과 충돌하는 미적분학의 예측이 맞은 것이지요. 이 결과는 앞으로 새로이 발생하는 전염병에 대한 방역 정책을 설계할 때 도움을 줄 것으로 기대됩니다. 미적분의 또 다른 쓸모이지요.

중증화율

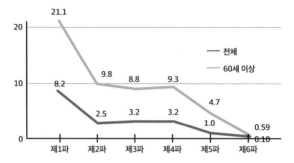

사망률

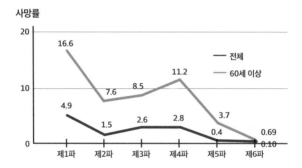

그림 6.4 코로나19 중증화율 및 사망률 추이.

미분을 이용해 코로나19 감염 전파 속도를 묘사해 컴퓨터가
이해하도록 하고 이를 컴퓨터로 적분하면, 우리 직관을 넘어
서는 코로나19의 복잡한 미래를 예측할 수 있습니다.

그러면 우리가 지난 몇 년간 시행한 사회적 거리 두기는 그저 헛수고였던 것일까요? 그렇지는 않습니다. 코로나19가 토착화되기까지는 시간이 걸리고, 증감을 반복하며 토착화를 향해 나아갑니다. 그런데 코로나19 발생 초기에 무작정 사회적 거리 두기를 해제하면 확진자 수가 너무 많아집니다. 수리 모델 예측에 따르면, 코로나19 발생 초기에 사회적 거리 두기를 곧바로 해제하면 하루 확진자 수가 전체 인구의 2퍼센트, 약 40만 명에 이르고, 사망에 이를 수 있는 하루 중증 환자도 0.1퍼센트, 약 2만 명에 이르며 의료 체계의 붕괴를 가져옵니다.[15] 실제로 사회적 거리 두기 없이 집단 면역을 시도한 스웨덴에서는 코로나19 발생 초기에 엄청난 수의 사망자가 나왔습니다.

한편 전체 인구의 약 80퍼센트가 백신 접종으로 면역을 획득한 다음 사회적 거리 두기를 해제하면, 토착화까지 가는 과정에서 중증 환자의 수가 크게 증가하지 않아 의료 체계의 붕괴 없이 토착화에 이른다는 예측이 나왔습니다. 실제로 우리나라는 백신 접종이 80퍼센트를 넘어섰을 때 본격적으로 사회적 거리 두기를 완화하기 시작했고, 그에 따라 의료 체계의 붕괴 없이 코로나19 토착화에 이르렀습니다. 이는 다른 어떤 나라의 방역 정책보다도 수학이 예측한 최적의 방식과 유사한데, 저희 연구에 따르면 스웨덴을 비롯한 일부 유럽 국가는 사회적 거리 두기를 너무 빨리 해제한 반면 중국은 너무 늦게 해제했지요. 그 덕분에 우리나라의 경우에는 토착화 과정에서 감염으로 인해 사망한 환자의 수가, 비슷한 인구의 다른 유럽 국가의 10분의 1도 되지 않습니다. 물론 단 1명의 사망자 발생도 안타깝고 슬픈 일이지만요.

　전 세계 연구자들과 제약회사들이 밤낮없이 노력한 덕분에 코로나19 백신은 유례없이 빠른 속도로 개발되었습니다. 이에 비해 미약하기는 하지만, 우리 연구진들도 사회적 거리 두기로 입는 경제적, 사회적 피해를 최소화하기 위해 수많은 상황들을 모두 고려하면서도 실수 없이 최대한 빠르게 연구 결과를 이끌어 내기 위해 밤새우며 노력했고, 그 결과로 4개월이라는 짧은 시간 만에 코로나 종식이라는 예측을 얻을 수 있었습니다. 그러지 않았으면 좋겠지만, 혹시라도 미래에 다른 전염병이 발생했을 때 이 연구가 보다 효과적이고 효율적인 사회적 거리 두기 정책을 수립하는 데 도움이 되기를 바랍니다.

7장

100년의
오류를
바로잡은
K-수식

생명과학에서 가장 유명한 식[16]

우리 몸속에서 발생하는 가장 중요한 생화학 반응 중 하나가 효소 반응입니다. 몸으로 흡수한 음식물 분자를 우리 몸에 필요한 분자로, 술 마시고 나서 알코올을 몸 밖으로 배출할 수 있는 형태의 분자로 변형하는 것 모두 효소 반응의 결과입니다. 가장 기본적인 효소 반응은 그림 7.1처럼 하나의 효소(E)와 하나의 기질(S)로 구성되어 있습니다.

기질은 효소와 만나서 기질 복합체(C)를 만들고, 효소는 기질을 다른 형태의 분자인 생성물(P)로 만들어 내지요. 기

그림 7.1 기질(S)과 효소(E)가 만나 기질 복합체를 만들고, 효소가 기질을 생성물(P)로 바꾸는 과정.

질과 효소가 만나는 반응의 속도는 기질과 효소가 만나는 확률에 비례하기에 두 농도의 곱에 비례하며, $k_f ES$가 됩니다. 하지만 이렇게 복합체를 이루어도 효소와 기질로 다시 분리되기도 하는데, 이 속도는 복합체에 비례하기에 $k_b C$가 됩니다. 마지막으로, 복합체에서 효소가 기질을 생성물로 변환하는 속도는 $k_{cat} C$가 됩니다. 이 세 가지 속도를 조합해 효소 반응을 미분방정식으로 나타낼 수 있습니다. 먼저 모델 다이어그램에서 기질에서 나가는 화살표(k_f)가 하나, 들어오는 화살표(k_b)가 하나이기에 기질의 미분방정식은 $-k_f ES$ + $k_b C$가 됩니다. 나머지도 동일합니다. 모델 다이어그램만 있으면 어렵지 않게 미분방정식으로 번역할 수 있습니다.

$$\frac{dS}{dt} = -k_f ES + k_b C$$

$$\frac{dE}{dt} = -k_f ES + k_b C + k_{cat} C$$

$$\frac{dC}{dt} = k_f ES - k_b C - k_{cat} C$$

$$\frac{dP}{dt} = k_{cat} C$$

미분방정식이 조금 복잡해 보이기에, 지금부터 이 미분방정식을 단순화해 봅시다. dE/dt 식과 dC/dt 식을 보면 각 항의 부호가 서로 반대인 것을 알 수 있습니다. 이는 E의 변화와 C의 변화가 반대로 진행된다는 것을 뜻합니다. 즉, E가 증가하면 C는 감소하고, E가 감소하면 C는 증가합니다. 이는 E와 C의 총량이 변하지 않고 일정하다는 것을 의미합니다. 모델 다이어그램으로 다시 돌아가 보면, 효소는 홀로 있거나 기질과 함께 있거나 둘 중 하나입니다. 따라서 E와 C의 합은 전체 효소의 양과 동일합니다. 언제나 일정하게 유지되는 효소의 총량을 E_T라고 하면, $E_T = E + C$ 또는 $E = E_T - C$이기 때문에 C만 구하면 E는 바로 알 수 있습니다. 굳이 E에 관한 미분방정식을 풀 필요가 없는 것입니다. 따라서 원래의 미분방정식에서 E에 관한 미분방정식을 제거하고 E 대신 $E_T - C$를 대입하면 다음과 같이 단순해집니다.

$$\frac{dS}{dt} = -k_f (E_T - C)S + k_b C$$

$$\frac{dC}{dt} = k_f (E_T - C)S - k_b C - k_{cat} C$$

$$\frac{dP}{dt} = k_{cat} C$$

그런데 1913년에 미카엘리스^{Leonor Michaelis}와 멘텐^{Maud Menten}은 이 식들을 더 단순하게 만들었습니다. 일반적으로 기질이 생성물로 변형되는 과정은 기질과 효소가 서로 붙고 떨어지는 것보다 느리게 이루어집니다. 다시 말해, 효소가 기질과 만나거나 떨어지는 반응(k_f와 k_b)은 기질이 생성물로 변형되는 반응(k_{cat})보다 훨씬 빠릅니다. 이를 바탕으로, 미카엘리스와 멘텐은 기질과 효소가 서로 붙고 떨어지는 빠른 반응에 의해 기질 복합체(C)도 빠르게 변하기 때문에 기질 복합체가 더 이상 변하지 않는 평형상태($dC/dt = 0$)에 빠르게 도달할 것이라고 가정했습니다. 예를 들어, 찬물과 더운물을 섞고 일정한 시간이 지나면 더 이상 변하지 않고 일정한 온도에 도달하는 것처럼, 기질과 효소를 섞고 일정한 시간이 지나면 복합체가 일정한 농도에 도달할 것입니다. 또한 찬물과 더운물을 섞은 다음 수저로 빠르게 저어주면 더 빠르게 일정한 온도에 도달하는 것처럼, 효소와 기질이 만나고 떨어지는 빠른 반응 속도에 의해 복합체는 일정한 농도에 빠르게 도달할 것입니다.

이렇게 복합체가 다른 분자들에 비해 평형상태에 빠르게 도달한다는 가정을 '준평형 가정quasi-steady-state approximation'이라고 합니다. (이 가정에 대해 수학적으로 조금 더 엄밀하게 이해하고 싶다면 부록을 참고하기를 바랍니다.) 이 가정하에서는 다른 분자들은 변하지만 복합체는 평형상태이므로 $dC/dt = 0$이고, 따라서 $0 = k_f(E_T - C)S - k_b C - k_{cat} C$ 또는 $(k_f S + k_b + k_{cat})C = k_f E_T S$가 됩니다. 이 식을 C에 관한 식으로 정리하면 다음과 같습니다.

$$C(S) = \frac{k_f E_T S}{k_f S + k_b + k_{cat}} = \frac{E_T S}{S + (k_b + k_{cat})/k_f} = \frac{E_T S}{S + K_M}$$

이를 '미카엘리스–멘텐식Michaelis-Menten equation'이라고 하고, $K_M = (k_b + k_{cat})/k_f$은 '미카엘리스–멘텐 상수Michaelis-

Menten constant'라고 합니다. 이 미카엘리스-멘텐식을 이용해 우리는 기질의 농도(S)만 알면 복합체의 농도(C)를 구할 수 있습니다. 따라서 원래의 미분방정식에서 C의 미분방정식은 제거하고 C 대신 미카엘리스-멘텐식을 대입하면 C가 사라진 단순화된 미분방정식을 얻을 수 있지요.

$$\frac{dS}{dt} = -k_f(E_T - C)S + k_b C = -\frac{k_{cat}E_T S}{S + K_M}$$

$$\frac{dP}{dt} = k_{cat}C = \frac{k_{cat}E_T S}{S + K_M}$$

그림 7.2에서처럼, 원래의 미분방정식 4개로 구성된 복잡한 식과 단순화된 미분방정식을 풀어서 생성물(P)의 변화를

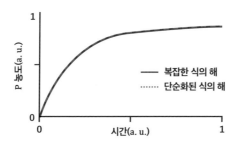

그림 7.2 복잡한 식과 단순화된 식의 해를 나타낸 그래프.

예측해 보면 거의 차이가 없습니다.

미카엘리스-멘텐식은 단순해 보이지만 효소 반응의 생산물(P)이 시간에 따라 어떻게 증가하는지를 정확하게 예측합니다. 이러한 높은 효율성으로 미카엘리스-멘텐식은 생화학 분야에서 가장 널리 알려진 식이었고, 지난 100여 년간 무려 22만여 편의 논문에 인용되었지요. 특히, 효소 반응의 속도 상수를 추정하는 데 널리 사용되었습니다.

각 반응이 얼마나 빠르게 변하는지를 나타내는 k_f, k_b, k_{cat} 값을 직접 측정하는 것은 거의 불가능합니다. 그래서 일반적으로 생성물(P)이 시간에 따라 어떻게 변하는지를 먼저 실험을 통해 측정하고, 이 실험 데이터와 가장 유사한 미분

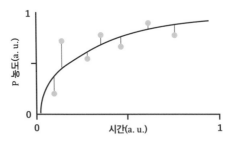

그림 7.3 생성물(P)이 시간에 따라 어떻게 변하는지를 실험으로 측정한 결과(하늘색 점)와 가장 유사한 해(곡선)를 갖도록 k_f, k_b, k_{cat} 값을 추정.

방정식의 해를 갖도록 하는 k_f, k_b, k_{cat} 값들이 무엇인지를 찾는 방식으로 이 값들을 추정합니다(그림 7.3).

그런데 이러한 추정은 실험 데이터와 가장 유사한 해를 갖도록 하는 k_f, k_b, k_{cat} 값이 한 쌍만 존재할 때 가능합니다. 하지만 과연 그럴까요? 원래의 미분방정식은 3개의 매개 변수 k_f, k_b, k_{cat}을 가지고 있지만, 단순화된 미분방정식은 2개의 매개 변수 k_{cat}, K_M을 가지고 있습니다. 따라서 $(k_b + k_{cat})$ $/k_f = K_M$을 만족하는 무한한 쌍의 k_f, k_b, k_{cat}가 한 쌍의 k_{cat}, K_M과 대응됩니다. 예를 들어, (k_{cat}, k_b, k_f) = (1, 10, 11), (1, 11, 12), (1, 12, 13)··· 등 수많은 쌍이 (k_{cat}, K_M) = (1, 1)과 대응합니다. 따라서 이러한 무한한 쌍의 k_f, k_b, k_{cat} 값을 원래의 미분방정식에 대입하더라도, 그 해는 대응되는 한 쌍의 k_{cat}, K_M을 대입한 단순화된 미분방정식의 해와 유사할 것입니다. 이는 주어진 데이터와 유사한 해를 갖도록 하는 k_f, k_b, k_{cat}가 무한히 존재함을 의미하고, 따라서 이 값들을 추정할 수는 없습니다. 실험 데이터로부터 k_f, k_b, k_{cat}의 모든 정보를 알아내는 것은 불가능한 것이지요.

하지만 단순화된 미카엘리스-멘텐식을 이용하면 2개의 매개 변수 k_{cat}과 K_M을 추정할 수 있고, 이 두 수는 그림 7.4

Enzyme	K_M (**M**)	k_{cat} (s^{-1})	k_{cat}/K_M ($M^{-1}s^{-1}$)
Chymotrypsin	1.5×10^{-2}	0.14	9.3
Pepsin	3.0×10^{-4}	0.50	1.7×10^3
T-RNA synthetase	9.0×10^{-4}	7.6	8.4×10^3
Ribonuclease	7.9×10^{-3}	7.9×10^2	1.0×10^5
Carbonic anhydrase	2.6×10^{-2}	4.0×10^5	1.5×10^7
Fumarase	5.0×10^{-6}	8.0×10^2	1.6×10^8

그림 7.4 **미카엘리스-멘텐식을 이용해 추정한, 다양한 효소의 k_{cat}과 K_M 값들.**

처럼 다양한 효소의 기능을 묘사하는 데 널리 사용됩니다.

100년간 쓰인 식이 틀렸다고?

1989년, 수학자 시겔$^{Lee\ Segel}$과 슬렘로드$^{Marshall\ Slemrod}$는 미
카엘리스-멘텐식을 수학적으로 엄밀히 연구했습니다.[17] 이
연구에서 미카엘리스-멘텐식은 전체 효소 농도(E_T)가 작을
경우에만 정확하다는 점이 드러났지요. 그림 7.5에서 보이
듯이, 전체 효소 농도가 낮을 때(왼쪽 그림)는 미카엘리스-멘
텐식의 해(점선)와 원래 미분방정식의 해(실선)가 비슷합니
다. 하지만 전체 효소 농도가 높아지면 단순화된 미분방정

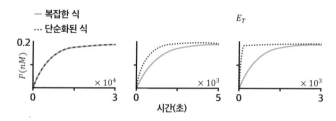

E_T

$P(nM)$

0.2

$\times 10^4$

0

3

0

5

0

3

시간(초)

그림 7.5 효소 농도(E_T)가 높은 경우에는 부정확해지는 미카엘리스-멘텐식의 해.

식이 부정확해집니다(가운데 그림, 오른쪽 그림). 따라서 효소 농도가 높을 때는 미카엘리스-멘텐식을 사용하면 안 된다는 것이 자명합니다. 게다가 효소 농도를 정확하게 측정할 수 없을 때도 많은데, 이런 경우에는 미카엘리스-멘텐식을 사용해도 괜찮은지조차 알 수 없습니다.

안타깝게도, 효소 농도의 차이에 대한 정확한 이해 없이 수많은 논문에서 미카엘리스-멘텐식을 무분별하게 사용해 왔습니다. 특히, 미카엘리스-멘텐식은 우리 몸속에 흡수된 약물이 간에서 사이토크롬 P450^{CYP} 효소에 의해 대사되어 몸 밖으로 배출되는 속도를 예측하는 데 사용되는데, 저는 이러한 예측을 위해 과연 미카엘리스-멘텐식을 계속 사용해도 괜찮은지 염려되었습니다. 하지만 간에서 약물을 대사하는 CYP 효소의 농도가 어느 정도인지 궁금해 기존의 논문들을 찾아보았지만, 어디에서도 그에 관한 정보는 얻을 수 없었습니다.

막막한 상황에서 어찌해야 하나 고민하다가, 문득 KAIST 바로 옆 충남대학교 약학대학의 윤휘열 교수님이 생각났습니다. 2017년 여름, 교수님을 찾아가 간에서 CYP 효소의 농도가 어느 정도인지 물었더니, 그에 관해 한 번도 생각해 본 적이 없다고 말했습니다. 그 분야 전문가인 김상겸 교수님에게 묻는 것이 가장 빠를 것이라고 하시며, 곧바로 김상겸 교수님 연구실로 함께 찾아갔지요. 김상겸 교수님도 20년간 CYP 효소에 의한 약의 대사를 연구했지만 한 번도 생각해 보지 못한 문제라며 같이 계산해 보자고 제안했습니다. 본격적인 계산에 앞서, 교수님은 일반적인 실험에 사용되는 1나노몰농도^{nM}(10억분의 1몰 농도) 정도일 것이라고 예상했지요. 책장에서 두꺼운 여러 서적들을 꺼내 다양한 측정 수치들을 조사했고, 이를 참고해 간에 있는 CYP의 양을 계산하고 간의 부피를 계산해 그 농도를 계산했습니다. 그랬더니 웬걸, 예상보다 1,000배나 많은 1,000nM이 나왔습니다. 아무래도 계산 실수인 듯해 계산에 오류가 없었는지 여러 번

반복해 다시 계산해 보았습니다. 하지만 결과는 동일했습니다.[18] 계산 값이 확실하다고 모두가 인정한 순간, 연구실에는 한동안 정적이 흘렀습니다. 약학 분야에서 수십 년간 사용되어 온, 미카엘리스-멘텐식에 기반한 수많은 식들이 잘못되었다는 것을 의미하기 때문이었습니다.

미국 식품의약국Food and Drug Administration, FDA 가이드라인에 실려 있는, 신약 승인에 필요한 식도 그중 하나였습니다. 앞서 설명했듯이, 몸에 흡수된 약물은 CYP 효소에 의해 대사되어 몸 밖으로 빠져나갑니다. 이러한 배출 속도는 체내의 효소 농도를 높이는 다른 약물에 의해 증가하기도 하는데,

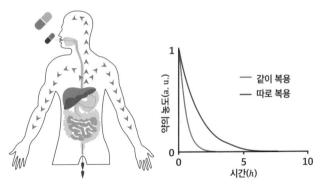

그림 7.6 같이 복용한 다른 약물에 의해 급격히 감소하는 약물의 농도.

이는 약물 농도의 급격한 감소로 이어지며 결과적으로 약물의 효과를 얻지 못하는 이유가 됩니다(그림 7.6). 따라서 여러 약물을 같이 먹을 때 약물들의 상호작용에 따라 약물의 배출 속도가 어떻게 변하는지를 예측하는 일이 신약의 개발과 활용에서 매우 중요하지요.

하지만 신약을 개발할 때마다 다른 모든 약과의 상호작용을 실험하는 것은 불가능하기 때문에, FDA에서는 수식을 이용해 예측하는 것을 권장합니다. 하지만 수식의 정확도가 높지 않아 인위적인 수를 곱하는 등 주먹구구식으로 보정해 왔지요. 저에게는 이것이 마치 천동설을 기반으로 행성의 움직임을 설명하기 위해 복잡한 궤도들을 도입하는 것과 그리 달라 보이지 않았습니다. 간에서 높은 CYP 효소 농도를 확인하고 나자, FDA 가이드라인에 실린 식이 부정확한 근본적인 이유가 그 식의 근간에 미카엘리스-멘텐식이 자리하고 있기 때문이라는 것을 짐작할 수 있었지요. 또한 FDA 가이드라인 식의 정확도를 높이기 위해서는 미카엘리스-멘텐식을 인위적인 수로 보정하는 기존의 방식을 따를 것이 아니라 더욱 정확한 다른 식으로 대체해야 한다는 것이 분명해졌습니다.

이를 수학적으로 해결하는 것은 그다지 어렵지 않습니다. 아주 간단한 치환만으로도 가능하지요. 즉, 기존의 미분방정식에서 기질(S) 대신 기질과 복합체(C)의 총합($T = S + C$)이라는 새로운 변수로 치환하면 됩니다. 먼저 T에 대한 미분방정식은 $dT/dt = dS/dt + dC/dt$이므로, 기존의 S와 C에 관한 미분방정식을 합해 구할 수 있습니다. 또한 S 대신 $S = T - C$를 대입해 T에 관한 미분방정식을 다음과 같이 표현할 수 있지요.

$$\frac{dT}{dt} = -k_{cat}C$$

$$\frac{dC}{dt} = k_f(E_T - \mathrm{C})(T - C) - k_b C - k_{cat}C$$

$$\frac{dP}{dt} = k_{cat}C$$

이렇게 치환하고 나서 C가 평형상태에 빠르게 도달한다는 준평형상태 가정($dC/dt = 0$)을 적용하면, $k_f(E_T - C)(T - C) - k_b C - k_{cat}C = 0$ 또는 $(E_T - C)(T - C) - K_M C = 0$을 얻을 수 있습니다. 이 식을 C에 대해 다시 정리하면 $C^2 -$

$(E_T + T + K_M)C + E_T T = 0$과 같이 2차 방정식을 얻을 수 있는데요. 중학생 때 배우는 2차 방정식 근의 공식을 사용해 풀면, C를 다음과 같이 T로 표현할 수 있지요. 미카엘리스-멘텐식은 C를 S에 관해 표현했는데, 이제는 T에 관한 식으로 나타납니다.

$$C(T) = \frac{E_T + K_M + T - \sqrt{(E_T + K_M + T)^2 - 4E_T T}}{2}$$

이 식을 이용하면, T를 알기만 하면 C도 알 수 있기에 C에 관한 미분방정식은 필요 없어지지요. 이제 C 대신 앞의 식을 대입해 C에 관한 식을 제거하고 다음과 같은 단순화된 미분방정식을 유도해 봅시다.

$$\frac{dT}{dt} = -k_{cat} \frac{E_T + K_M + T - \sqrt{(E_T + K_M + T)^2 - 4E_T T}}{2}$$

$$\frac{dP}{dt} = k_{cat} \frac{E_T + K_M + T - \sqrt{(E_T + K_M + T)^2 - 4E_T T}}{2}$$

그림 7.7을 보면, 기존의 미카엘리스-멘텐식(파란 점선)의 해와 달리 새로운 미분방정식의 해(빨간 점선)는 효소 농

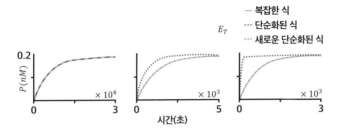

그림 7.7 효소 농도와 무관하게 정확한, 2차 방정식에 기반한 미분방정식의 해.

도와 무관하게 원래 미분방정식의 해(초록 실선)에 근사함을 알 수 있습니다.

놀랍습니다. 그저 치환하고 2차 방정식을 풀었을 뿐인데 왜 이렇게 잘 들어맞는 것일까요? 이를 수학적으로 엄밀하게 이해하려면 특이 섭동 이론을 사용해야 하는데, 구체적인 내용은 부록에서 소개하기로 하고 이 장에서는 직관적으로 이해해 봅시다.

기질 농도에 따라 복합체가 어떻게 변하는지를 묘사하는 미카엘리스-멘텐식 $C(S) = E_T S / (S + K_M)$을 그래프로 그려 보겠습니다(그림 7.8). 효소의 총 농도(E_T)는 고정한 상태로 기질의 농도(S)를 높이면 더 많은 복합체(C)가 생성됩니다.

예를 들어, 효소가 10개 있을 때 기질의 수를 0개, 1개, 2개로 늘려가면 복합체가 더 많이 생성됩니다. 미팅 자리에 여성이 10명이 있을 때 남성이 0명, 1명, 2명으로 늘어나면 남녀 커플이 더 많이 생기는 것과 마찬가지이지요. 또한 기질 농도가 미카엘리스 멘텐 상수(K_M)와 같아지면 전체 효소의 절반이 복합체를 이룹니다. $C(S) = E_T S/(S + K_M)$에서 S에 K_M을 대입해 보면 $E_T/2$가 된다는 것을 알 수 있지요. 그리고 K_M보다 기질 농도가 커지면 복합체가 증가하는 정도는 점점 감소하다가, 전체 효소 농도(E_T)에 수렴하며 더 이상 커지

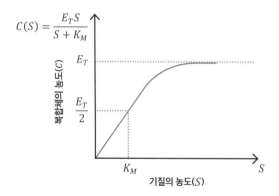

그림 7.8 　기질 농도가 K_M보다 클 때, 전체 효소 농도에 점점 수렴하는 복합체의 농도.

지 않습니다. 당연한 이야기이지요. 효소와 기질이 만나 복합체가 만들어지는 것이니까 복합체는 전체 효소보다 많아질 수 없습니다.

이번에는 복합체를 구성하는 기질과 효소 중에서 기질(S)을 고정하고 전체 효소의 농도(E_T)를 높이면 복합체의 농도가 어떻게 변하는지를 미카엘리스-멘텐식 $C(S) = E_T S/(S + K_M)$을 보며 생각해 봅시다(그림 7.9). 엇, 이상합니다. 효소가 많아지면 많아질수록 복합체의 양이 계속 증가합니다. 기질 농도를 넘어서 무한히 커집니다. 미팅 자리에 남성이 10명 있을 때 여성의 수를 늘리면 늘릴수록 남녀 커플이 무한대로 나온다는 것인데, 이는 말이 안 됩니다.

이렇게 말도 안 되는 결론을 내는 미카엘리스-멘텐식은 왜 효소 농도가 낮을 때는 정확한 것일까요? 효소가 기질에 비해 많이 부족한 상황에서는 효소가 늘어나면 늘어날수록 기질과 결합해 복합체도 늘어나기 때문입니다. 따라서 효소 농도가 낮을 때는 미카엘리스-멘텐식을 사용해도 괜찮습니다. 하지만 효소 농도가 낮지 않을 때는 미카엘리스-멘텐식이 부정확하지요. 반면 2차 방정식으로 구한 새로운 식은 어떨까요? 효소가 증가하면 복합체도 증가하지만 기질 농도

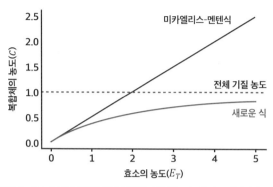

그림 7.9 효소 농도의 차이에 따라 정확도가 갈리는 미카엘리스-멘텐식과 2차 방정식으로 유도한 새로운 식.

이상으로 증가하지는 않습니다(그림 7.9). 이 덕분에 새로운 식은 효소의 농도와 무관하게 정확합니다.

새로운 식을 기반으로 FDA 가이드라인 수식을 연구실 송윤민 학생과 함께 수정하고, 충남대학교 약학대학 김상겸 교수님, 채정우 교수님과 함께 새로운 식의 예측 값과 실제 실험 값을 비교해 보았습니다. 그림 7.10의 그래프는 예측한 값과 실험으로 측정한 값의 비율을 나타낸 것입니다. 그림에서 가로 실선은 측정 값과 예측 값이 일치함을 의미하며, 가로 점선은 측정 값의 0.5배에서 2배 정도의 오차를 가

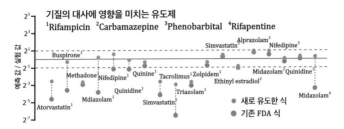

그림 7.10 기존의 식과 새로운 식의 예측 값을 실제 실험 값과 비교한 그래프.

지는 예측 값을 의미합니다. 기존의 FDA 식은 효소 유도에 의한 약물 간의 상호작용을 나타내는 값들을 실제보다 매우 낮게 예측합니다(회색 점). 반면 새로 유도된 식은 기존의 식보다 약 2배 더 많은 약물 쌍들에 대해 측정 값의 2배 이내로 정확하게 예측합니다(빨간 점). 따라서 이제는 인위적으로 보정하지 않고도 약물의 상호작용을 정확하게 예측할 수 있게 되었습니다.[19] 이 연구 결과는 임상약리학 분야 최고의 학술지인《임상약리학 및 약물치료학Clinical Pharmacology and Therapeutic》의 2023년 5월 호 표지 논문으로 선정되었습니다. 새로운 수식을 소개한 논문이 출판된 지 아직 얼마 되지 않아 학계에서 활발히 검증되고 있지만, 머지않아 미국 FDA 가이드라인에 'K-수식'이 도입되기를 기대해 봅니다.

융합 연구자의 두 가지 자질

FDA 가이드라인 수식이 지닌 문제의 해결책은 2차 방정식 근의 공식이었습니다. 이렇게 간단한 해결책을 왜 수십 년 간 찾아내지 못했을까요? 문제를 해결하는 데는 두 가지가 필요합니다. 첫째는 문제의 존재를 인식하는 것입니다. 둘째는 수학적 접근의 필요성을 깨닫는 것입니다. 첫 번째 것은 약학자들이, 두 번째 것은 수학자들이 잘하는 것이지요. FDA 가이드라인의 수식이 지닌 문제는 앞서 많은 약학자들이 인지하고 있었으나, 대부분 임시방편으로 대처하고 있었습니다. 반면 수학자인 저는 2차 방정식을 통한 접근으로 더욱 정확한 식을 유도할 수는 있었지만, 이를 적절한 문제에 어떻게 적용해야 하는지 알지 못했습니다. 문제를 해결할 수 있었던 것은 약학자들과 융합 연구를 진행한 덕분이었지요.

융합 연구를 자주 하는 만큼, 강연이 끝날 때마다 자주 받는 질문이 하나 있습니다. 바로 자녀를 어떻게 하면 융합 연구자로 키울 수 있는지에 관한 질문입니다. 저의 대답은 늘 똑같습니다. 융합 연구자의 두 가지 특성을 길러주어야 한다는 것이지요. 첫 번째 특성은 대화를 유쾌하게 이어가는 것입니다. 운이 좋게도, 저는 지난 10여 년간 의학, 약학, 생명과학 분야 연구자들 수십 명과 협력해 융합 연구에서 여러 성과를 거두었습니다. 하지만 슬프게도 실패한 공동 연구도 있었지요. 그런데 돌이켜 보면, 융합 연구를 함께 성공적으로 끝맺은 이들은 모두 유쾌한 대화 상대였습니다.

공동 연구가 시작되면 적어도 일주일에 한 번은 미팅을 가지고, 연구가 본격적으로 진행되면 거의 하루도 빠짐없이 메시지나 이메일을 주고받습니다. 운이 좋은 경우에도 이러한 소통을 짧게는 1년, 길게는 5년을 지속해야 비로소 문제 하나가 풀리지요. 그런데 이렇게 오랜 시간 자주 소통해야 하는 상대가 대화하기 불편하다면 어떨까요? 소통의 주기가 점점 길어지다가 공동 연구 자체가 흐지부지되기 일쑤이겠지요. 반면 유쾌한 대화 상대라면 연구실 바깥에서도 서로의 안부를 물어보거나 고민을 나누는 긴밀한 친구 관계로도 발전합니다.

두 번째 특성은 자신이 아는 것을 상대방의 입장에서 잘 설명하는 것입니다. 융합 연구는 서로 다른 분야의 연구자들이 모여 동일한 문제를 놓고 씨름하는 것입니다. 예를 들어, 수학을 놓은 지 수십 년이 지난 의학자와 암에 대해 거의 아는 것이 없는 수학자가 함께 연구한다고 해봅시다. 이때 서로 다른 배경을 지닌 연구자들이 자신의 관점을 상대에게 잘 전달하는 것은 결코 쉬운 일이 아닐 것입니다.

　다행히 저는 학부 시절 수학교육을 공부하며 수학을 어떻게 설명해야 학생들이 더 쉽고 잘 이해할 수 있을지를 끊임없이 고민했는데, 이때의 경험이 융합 연구에 큰 도움이 되었습니다. 물론 저와 함께한 연구자들도 하나같이 저의 입장에서 잘 설명해 주었습니다. 아무리 친절한 설명이라고 하더라도 처음 접하는 분야인 경우에는 한 번에 이해되지 않는 경우가 잦은데, 기초적인 지식부터 세부적인 정보까지 기쁜 마음으로 기꺼이 설명해 주었지요. 자신이 잘 알고 있는 것을 상대가 잘 이해하지 못한다고 갑갑해하지 않고 서로의 다름을 존중하는 것입니다.

　FDA 가이드라인의 수식도 저에게 친숙한 기호들로 쓰여 있었음에도 모든 수식을 완벽하게 이해하기까지는 오랜 시간이 걸렸는데요. 그 식의 의미를 제대로 이해하고 문제의 해결책을 강구할 수 있었던 것도, 충남대학교 교수님들이 연구실과 학교 정문 앞 카페를 오고 가며 마치 과외를 하듯이 저에게 기초부터 차근차근 여러 번 설명해 주었기 때문입니다. 자신 또는 자녀가 융합 연구자로 성장하기를 기대한다면, 한 가지 좋은 방법이 있습니다. 당장 오늘이나 내일부터 가장 자신 있는 과목의 내용을 그 과목에서 어려움을 겪는 친구에게 설명하는 것입니다. 수학에 자신 있다면 수학을 잘 모르는 친구에게 즐겁게, 잘 설명해 보는 것이지요.

이것이 좋은 방법이라는 믿음은 2022년에 허준이 교수가 '수학계의 노벨상'이라고 불리는 필즈상을 수상하면서 더욱 확고해졌습니다. 4년마다 세계 최고의 수학자에게만 수여하는 필즈상을 한국에서 교육받은 수학자가 최초로 받은 만큼, 수학계뿐만 아니라 국내 언론사에서도 크게 주목했는데요. 그때 저도 우연찮게 허준이 교수를 기억하는 고등학교 친구들과 인터뷰한 기사를 보게 되었지요. 그런데 그중에서 눈에 띄는 문구 하나가 있었습니다. "수학을 '말'로 잘 설명하는 친구." 허준이 교수가 필즈상을 수상한 주된 이유 가운데 하나는 상이한 두 수학 분야의 접목을 이끌었기 때문입니다. 허준이 교수의 원래 전공은 대수기하학인데, 이를 이용해 조합론 분야의 오랜 난제를 풀어내며 두 분야의 융합을 주도한 것이지요. 이때 자신이 아는 것을 말로 잘 설명해 내는 허준이 교수의 능력은 분명 엄청난 도움이 되었을 것입니다.

나가며

이 책에서 우리는 수학적 개념들, 특히 미적분이 단순히 추상적이고 이론적인 아름다움을 가지는 것에 그치지 않고, 실제 세계에서 구체적인 문제를 해결하는 데 어떻게 적용되는지를 알아보았습니다. 이 책은 수학이라는 언어로 생명을 보았지만, 사실 수학의 힘과 매력은 그것의 보편성에 있습니다. 다시 말해, 우리가 지금까지 배운 수학은 생명과학만이 아니라 경제학, 사회학, 그 밖의 수많은 분야에서 다루는 현상들을 이해하는 데 사용할 수 있습니다.

물리학에서 뉴턴의 법칙을 통해 천체의 운동을 예측하고

공학에서 전자회로의 동작을 이해하는 데 미분방정식이 필수적입니다. 생태학에서는 종의 성장뿐만 아니라 개체와 환경의 상호작용을 모델링하는 데 미분방정식을 사용하고, 기상학에서는 기후 위기의 영향을 예측하는 데, 경제학에서는 시장의 변동성을 분석하는 데 미분방정식들이 중요한 도구로 사용되지요. 예를 들어, 경제학에서 다루는 소득 결정 모델이라는 미분방정식은 경제 전체의 동태적 변화를 설명합니다. 경제의 총수입 Y의 변화를 설명하는 이 수리 모델은 우리가 경제적 충격을 받았을 때, 예를 들어 투자가 급격히 줄었을 때 총수입이 얼마나 빠르게 반응하는지를 예측하도록 해줍니다.

$$\frac{dY}{dt} = a(I - sY)$$

여기서 a는 조정 속도를, I는 총 투자를, 그리고 s는 한계 저축 성향을 나타내는 것으로, 이 방정식은 정부가 재정 정책을 어떻게 조정해야 하는지를 결정하는 데 매우 중요한 정보를 제공하지요.

우리는 미적분학이 생명 현상을 디지털화하고, 복잡한 실험 데이터를 분석해 새로운 약을 개발하고, 심지어 전염병의 확산을 예측하는 데 이르기까지, 수많은 방식으로 우리 삶을 향상시키는 과정을 알아보았습니다. 이 모든 것은 수학이 단순한 숫자와 공식의 집합이 아니라 실질적인 변화를 가져오는 강력한 언어임을 입증합니다. 수학은 우리가 세상을 보는 눈이며, 그 눈으로 복잡한 현상들을 더욱 명확하고 근본적으로 바라보는 기회를 제공합니다.

이 책이 수학의 무한한 가능성에 대한 호기심을 자극했기를 바랍니다. 수학이 지닌 보편성을 이해함으로써 어떻게 더 나은 결정을 내릴 수 있는지, 어떻게 복잡한 문제를 해결할 수 있는지, 어떻게 이론을 현실의 개선에 적용할 수 있는지에 대한 영감을 얻었기를 바랍니다. 또한 수학의 아름다움과 실용성을 모두 담고자 한 노력이 여러분에게 조금이나마 전해졌기를 희망합니다.

우리의 여정은 여기서 끝나지 않습니다. 수학은 끊임없이 진화하고 있으며, 지식의 경계를 넓혀가는 여정의 동반자입니다. 여러분 각자의 여정에서도 수학이 아주 핵심적인 역할을 할 것이라고 믿습니다. 이 책의 마지막 페이지를 덮고 나서도 여러분이 수학이라는 언어로 미지의 세계를 발견하고,

풀기 어려운 중요한 문제를 해결하고, 새로운 가능성을 만들어 내는 데 한 걸음 더 나아가기를 진심으로 기원합니다.

부록

미적분학에 한 걸음 더 가까이

이 부록에서는 1장에서 소개한 예제보다 조금 더 복잡한 예제를 소개하겠습니다. 그래프를 이용하면, 미적분으로 미래를 예측하는 것을 더 깊이 이해할 수 있고 더 다양한 경우에도 응용할 수 있습니다.

그림 A.1의 왼쪽 그래프는 $50km/h$로 일정하게 움직이는 자동차의 속도를 나타낸 것이고, 오른쪽은 시간에 따라 증가하는 자동차의 이동거리 $x(t)$ = $50t km$를 나타낸 것입니다. 그런데 왼쪽 그래프에서 t시간까지의 아래의 면적을 구

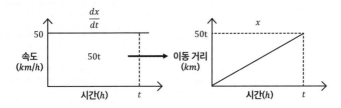

그림 A.1 50km/h 속도로 일정하게 달리는 자동차의 이동 거리.

하면 높이는 $50km/h$이고, 가로는 th이기에 $50tkm$가 됩니다. 네, 맞습니다. 속도 그래프 아래의 면적을 구하면, 자동차가 얼마나 움직이는지를 구할 수 있습니다. 이렇게 그래프 아래의 면적을 구하는 것을 '적분'이라고 하지요. 이 원리를 이용하면 더 다양한 경우에 자동차가 얼마나 움직이는지를 예측할 수 있습니다.

　지금까지는 움직이는 자동차의 속도가 일정한 경우만 다루었는데, 이번에는 자동차의 속도가 매 시간 $10km/h$씩 증가하는 경우를 생각해 봅시다. 속도 dx/dt의 그래프는 다음과 같이 증가합니다(그림 A.2).

　자, 그러면 3시간 동안 자동차는 얼마나 움직일까요? 속도 그래프 아래 삼각형의 면적을 구하면 알 수 있습니다.

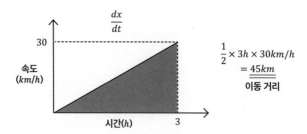

그림 A.2 **자동차의 속도가 매 시간 10km/h씩 증가하는 경우, 자동차가 3시간 동안 이동한 거리.**

3시간이 지나면 속도가 30km/h가 되기에, 삼각형의 높이는 30km/h가 되고 가로 길이는 3h시간이 됩니다. 따라서 삼각형의 면적은 30km/h*3h/2=45km입니다. 3시간 동안 자동차가 움직이는 거리는 45km이지요.

같은 방식으로 t시간 후 자동차의 이동 거리를 예측할 수 있습니다(그림 A.3). t시간 후의 속도는 10tkm/h이기에 삼각형 높이는 10tkm/h, 밑변 길이는 th로, 넓이는 10tt/2km = 5t^2km입니다. 다시 말해, 속도(미분) 그래프 아래의 넓이(적분)를 구하면 자동차의 위치를 $x(t) = 5t^2km$로 예측할 수 있습니다.

그런데 현실에서도 자동차 속도의 그래프가 이처럼 단순

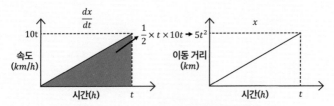

그림 A.3　10km/h씩 증가하는 속도로 달리는 자동차의 이동 거리.

하지는 않겠지요? 신호에 걸리면 멈추었다가, 다시 가속했다가, 신호가 바뀌면 다시 한번 멈추었다가, 앞차가 급정거라도 하면 급브레이크를 밟으니까요. 그러면 그림 A.4와 같이 속도(미분)가 복잡하게 바뀌면 이동 거리를 어떻게 구해야 할까요? 이때는 컴퓨터를 사용하면 쉽습니다. 실제로 생명 현상을 묘사하는 미적분학 문제들 가운데 종이와 펜만으로 공식을 이용해 풀 수 있는 것은 거의 없고 오직 컴퓨터로만 풀 수 있습니다. 이 책에서 다룬 대부분의 예제들도 마찬가지이지요.

복잡한 것을 단순하게 만드는 방법

생명 시스템은 다양한 속도로 변합니다. 예를 들어, 분자들

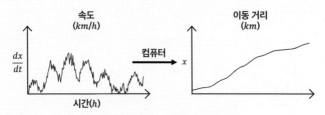

그림 A.4 일반적인 자동차의 복잡한 속도 변화와 이동 거리 변화.

의 모양은 나노초 단위로 변하고, 단백질들은 초나 분 단위로 상호작용하고, 세포들은 하루 단위로 분열하고, 우리의 몸무게와 키는 그보다 훨씬 느린 속도로 변하지요. 이렇게 짧은 시간부터 긴 시간의 변화들로 구성된 시스템을 '멀티 타임스케일 시스템^{multi-timescale}'이라고 합니다. 이러한 멀티 타임스케일 시스템을 이해하기란 쉽지 않습니다. 예를 들어, 어떤 호르몬의 생성 패턴이 우리 몸무게에 영향을 주는지, 또는 몸무게의 변화가 호르몬의 생성 패턴에 영향을 주는지를 연구한다고 해봅시다. 호르몬 생성량은 초나 분 단위로 변하지만, 몸무게는 훨씬 더 큰 시간 규모에서 변합니다. 호르몬의 생성 패턴을 관찰하고자 한다면, 분 단위로 호르몬의 양을 측정하며 1시간 정도 지켜보는 것만으로 충분할 듯합니다. 반면 몸무게의 변화를 관찰하고자 한다면 적어도 매주 측정하며 1년 정도는 지켜보아야 합니다. 호르몬의 생성 패턴과 몸무게의 변화를 둘 다 관찰하고자 한다면 어떨까요? 1분마다 1년을 관찰해야 하는 불편함이 생깁니다.

이러한 멀티 타임스케일 시스템을 분석하는 데 용이한 방법 하나는 짧은 시간이나 긴 시간에 국한해 관찰하는 것입니다. 예를 들어, 분 단위의 작은 시간 규모로 국한하면, 호르몬이 변하는 동안 몸무게는 변하지 않는다고 가정해도 무방합니다. 그러면 몸무게의 변화를 분 단위로 측정할 필요 없이 호르몬의 변화만을 측정할 수 있지요. 반대로 주 단위의 큰 시간 규모에 국한하는 경우는 어떨까요? 일단 몸무게의 변화는 매주 측정하는 것이 적절할 듯합니다. 호르몬 변화는 어떻게 해야 할까요? 분 단위로 변하는 호르몬을 변하지 않는다고 가정할 수도 없고, 분 단위로 1년간 측정할 수도 없는 노릇입니다. 이런 경우에는 보통 특이 섭동 이론이라는 것을 사용합니다.

먼저 천천히 변하는 변수 x와 빠르게 변하는 변수 y가 섞여 있는 간단한 미분방정식을 봅시다.

$$\frac{dx}{dt} = -\varepsilon x$$

$$\frac{dy}{dt} = x - y$$

ε이 작아질수록 x가 y에 비해 더 천천히 변합니다. 이제 극단적으로 $\varepsilon \to 0$인 경우를 생각해 봅시다.

$$\frac{dx}{dt} = 0$$

$$\frac{dy}{dt} = x - y$$

x는 변하지 않고 y만 변하는데, 이는 x가 변하지 않는 것으로 가정하고 y의 변화만을 고려하는 것을 의미합니다. 짧은 시간 동안 몸무게가 변하지 않는다고 가정하고 호르몬의 변화만을 측정하는 것으로도 충분하듯이 말이지요.

하지만 충분한 시간이 지나면 실제로는 x도 변할 텐데, 이를 고려하기 위해서는 작은 시간 규모 t를 그보다 큰 시간 규모 $\tau = \varepsilon t$로 변환해 주어야 합니다. 큰 시간 규모에서 단위 시간 $\tau = 1$은 작은 시간 규모에서는 엄청나게 큰 값 $t = 1/\varepsilon$

입니다. 1년이 31,556,926초인 것처럼요. 이제 $\tau = \varepsilon t$를 원래의 미분방정식에 대입하면, 다음과 같이 큰 시간 규모에서 변화를 관찰하기에 적합한 미분방정식을 얻습니다.

$$\frac{dx}{d\tau} = -x$$

$$\varepsilon\frac{dy}{d\tau} = x - y$$

이제 x의 미분방정식에는 더 이상 ε이 없으므로 ε이 0에 가까워지더라도 x는 변합니다. 반면 y의 미분방정식의 좌변에 ε이 위치하기에 ε이 0에 가까워지면 미분항이 사라지고 $y = x$라는 관계만이 남습니다. 이것이 어떤 의미인지 ε이 0이 아닌 원래의 미분방정식을 풀고 그 해를 위상 평면phase plane에서 살펴봅시다(그림 A.5).

x, y의 초기 값이 무엇이든 상관없이 수직으로 빠르게 $y = x$ 상태에 도달합니다. 이는 작은 시간 규모에서는 x 값이 거의 변하지 않는 상태에서 y만 빠르게 움직인다는 것을 뜻합니다. 그런데 왜 $y = x$로 수렴하는 것일까요? y의 미분방정식에서 ε을 우변으로 넘기면 $dy/dt = (x - y)/\varepsilon$이 되어 y가 빠

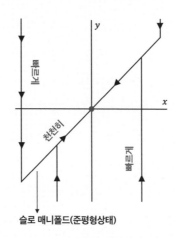

그림 A.5 **빠르게 변하는 y와 느리게 변하는 x의 위상 평면에서의 움직임**

르게 움직임을 알 수 있습니다. 그런데 y가 x에 충분히 가까워지면 $(x - y) \sim \varepsilon$이 되고 ε이 상쇄되어 y가 x와 같은 속도로 움직이게 됩니다. 즉, y는 재빠르게 변해 $y = x$ 근처에 도달한 다음, x와 함께 $y = x$를 따라 천천히 움직이다가, $x = y = 0$인 평형상태에 도달합니다. 원래 이 시스템은 2차원 공간에서 움직이지만, y가 순식간에 $y = x$ 상태에 도달하기에 큰 시간 규모에서는 $y = x$라는 1차원 공간을 따라 움직인다고 보아도 무방합니다. 그래서 $y = x$를 '슬로 매니폴드slow-manifold'

라고 하는데, dy/dt = 0으로부터 구할 수 있기 때문에 'y의 준평형상태'라고도 합니다(그림 A.5). y가 재빠르게 어떤 준평형상태에 도달하는지 계산할 수 있다면, y의 미분방정식의 해는 구할 필요가 없습니다. x만 어떻게 변하는지만 추적하면 y의 상태는 준평형상태식을 이용해 유도할 수 있기 때문입니다.

그림 A.5과 같이 원래의 미분방정식은 느린 변수 하나와 빠른 변수 하나로 구성되어 그 해가 2차원 공간에서 움직이지만, 큰 시간 규모나 작은 시간 규모에서만 바라보면 해는 1차원 공간에서 움직입니다. 즉, 작은 시간 규모에서는 x가 고정되어 있고 y만 변하는 수직선을 따라서, 큰 시간 규모에서는 슬로 매니폴드 $y = x$를 따라서 변하지요. 하나의 시간 규모에서만 바라봄으로써 복잡한 시스템을 단순화하는 것입니다.

이러한 방식으로 복합체 C가 기질 S에 비해 빠르게 변할 것이라고 가정하고 단순화한 것이 바로 미카엘리스-멘텐 방정식입니다. 그런데 복합체와 기질 모두 서로 빠르게 붙었다 떨어지기를 반복하는 반응에 의해 영향을 받는데, C가 S보다 빠르게 변한다니 조금 이상합니다. 실제로 C가 S보다 빠르게 변하도록 하려면 가정이 하나 더 필요합니다. 바로 효소 농도가 기질 농도에 비해 매우 낮다는 가정이지요. 이런 경우에는 C도 S에 비해 매우 적습니다. C는 10개, S는 1,000개 있는 상황을 생각해 봅시다. 이때 효소와 기질이 붙어 복합체가 하나 더 생기면 C의 양이 10개에서 11개로 10퍼센트 증가하는 반면, S는 1,000개에서 1,001개로 0.1퍼센트밖에 변하지 않습니다. 즉, C가 S에 비해 매우 빠르게 변하는 것입니다. 하지만 효소 농도가 기질 농도와 유사하거나 많아지면, C가 S에 비해 더 이상 빠르게 변하지 않게 되어 미카엘리스-멘텐식에 심각한 오류가 생깁니다.

반면 새로운 접근 방식은 C가 S 대신 T보다 빠르게 변한다고 가정합니다. T는 C와 S의 합입니다. 따라서 효소의 농도와 무관하게 항상 T는 C보다 크지요. 따라서 C가 T보다 빠르게 변한다는 가정은 효소의 농도에 관계없이 성립하는 것입니다.

주

1.   Kim, J. K., & Forger., D. B. "A mechanism for robust circadian timekeeping via stoichiometric balance." *Molecular systems biology* 8.1 (2012): 630.

2.   D'Alessandro, M., et al. (2015). "A tunable artificial circadian clock in clock-defective mice." *Nature communications* 6(1): 8587.

3.   Kidd, P. B., Young, M. W., & Siggia, E. D. (2015). "Temperature compensation and temperature sensation in the circadian clock." Proceedings of the *National Academy of Sciences* 112(46): E6284-E6292.

4.   Pittendrigh, C. S. (1954). "On temperature independence in the clock system controlling emergence time in Drosophila." *Proceedings of the National Academy of Sciences* 40(10): 1018-1029.

5.   Reyes, B. A., Pendergast, J. S., & Yamazaki, S. (2008). "Mammalian

Peripheral Circadian Oscillators Are Temperature Compensated." *Journal of Biological Rhythms* 23(1).

6. Zhou, M., et al. (2015) "A Period2 phosphoswitch regulates and temperature compensates circadian period." *Molecular cell* 60(1): 77-88.

7. Kim, J. K., et al. (2013). "Modeling and validating chronic pharmacological manipulation of circadian rhythms." *CPT: pharmacometrics & systems pharmacology* 2(7): 1-11.

8. Kim, D., et al. (2019). "Systems approach reveals photosensitivity and PER 2 level as determinants of clock-modulator efficacy." *Molecular Systems Biology* 15(7): e8838.

9. Kim, D., et al. (2023). "Chemotherapy delivery time affects treatment outcomes of female patients with diffuse large B cell lymphoma." *JCI insight* 8(2).

10. Gotoh, T., et al. (2016). "Model-driven experimental approach reveals the complex regulatory distribution of p53 by the circadian factor Period 2." *Proceedings of the National Academy of Sciences* 113(47): 13516-13521.

11. Liu, J., et al. (2018). "Distinct control of PERIOD2 degradation and circadian rhythms by the oncoprotein and ubiquitin ligase MDM2." *Science Signaling* 11(556): eaau0715.

12. Hong, J., Choi, S. J., Park, S. H., Hong, H., Booth, V., Joo, E. Y., & Kim, J. K. (2021). "Personalized sleep-wake patterns aligned with circadian rhythm relieve daytime sleepiness." *Iscience* 24(10).

13. Song, Y. M., Choi, S. J., Park, S. H., Lee, S. J., Joo, E. Y., & Kim, J. K. (2023). "A real-time, personalized sleep intervention using mathematical modeling and wearable devices." *Sleep* 46(9): zsad179.

14. Ha, S., et al. (2023). "Predicting the Risk of Sleep Disorders Using a

Machine Learning–Based Simple Questionnaire: Development and Validation Study." *Journal of medical Internet research* 25: e46520.

15. Hong, H., et al. (2022). "Modeling Incorporating the Severity-Reducing Long-term Immunity: Higher Viral Transmission Paradoxically Reduces Severe COVID-19 During Endemic Transition." *Immune Network* 22(3).

16. 김재경. (2020). "복잡한 것 단순하게 바라보기 [1]: 생화학 분야의 근의 공식, 미카엘리스-멘텐식", *HORIZON*. 김재경. (2020). "복잡한 것 단순하게 바라보기 [2]: 엄밀하지 않은 단순화의 위험", *HORIZON*.

17. Segel, L. A., & Slemrod., M. (1989). "The quasi-steady-state assumption: a case study in perturbation." *SIAM review* 31(3): 446-477.

18. Back, H., et al. (2020). "Beyond the Michaelis-Menten: Accurate Prediction of In Vivo Hepatic Clearance for Drugs With Low KM." *Clinical and Translational Science* 13(6): 1199-1207.

19. Vu, N. A. T., Song, Y. M., Tran, Q. T., Yun, H. Y., Kim, S. K., Chae, J. W., & Kim, J. K. (2023). "Beyond the Michaelis–Menten: accurate prediction of drug interactions through cytochrome P450 3A4 induction." *Clinical Pharmacology & Therapeutics* 113(5): 1048-1057.

그림 출처

그림 3.13

D'Alessandro, M., et al. (2015). "A tunable artificial circadian clock in clock-defective mice." *Nature communications* 6(1): 8587.

그림 3.15

Reyes, B. A., Pendergast, J. S., & Yamazaki, S. (2008). "Mammalian Peripheral Circadian Oscillators Are Temperature Compensated." *Journal of Biological Rhythms* 23(1).

그림 3.17, 3.18, 3.19

Zhou, M., et al. (2015) "A Period2 phosphoswitch regulates and temperature compensates circadian period." *Molecular cell* 60(1): 77-88.

그림 3.21, 3.22

Beesley, S., et al. (2020). "Wake-sleep cycles are severely disrupted by diseases affecting cytoplasmic homeostasis." *Proceedings of the National Academy of Sciences* 117(45): 28402-28411.

그림 4.1, 4.3

Kim, D., et al. (2019). "Systems approach reveals photosensitivity and PER 2 level as determinants of clock-modulator efficacy." *Molecular Systems Biology* 15(7): e8838.

그림 4.4, 4.5

Kim, D., et al. (2023). "Chemotherapy delivery time affects treatment outcomes of female patients with diffuse large B cell lymphoma." *JCI insight* 8(2).

그림 4.7

Gotoh, T., et al. (2016). "Model-driven experimental approach reveals the complex regulatory distribution of p53 by the circadian factor Period 2." *Proceedings of the National Academy of Sciences* 113(47): 13516-13521.

그림 5.1, 5.2, 5.3, 5.4, 5.5, 5.6, 5.7, 5.8

Hong, J., Choi, S. J., Park, S. H., Hong, H., Booth, V., Joo, E. Y., & Kim, J. K. (2021). "Personalized sleep-wake patterns aligned with circadian rhythm relieve daytime sleepiness." *Iscience* 24(10).

그림 5.9, 5.10, 5.11, 5.12

Song, Y. M., Choi, S. J., Park, S. H., Lee, S. J., Joo, E. Y., & Kim, J. K. (2023). "A real-time, personalized sleep intervention using mathematical modeling and wearable devices." *Sleep* 46(9): zsad179.

그림 6.2, 6.3

Hong, H., et al. (2022). "Modeling Incorporating the Severity-Reducing Long-term Immunity: Higher Viral Transmission Paradoxically Reduces Severe COVID-19 During Endemic Transition." *Immune Network* 22(3).

그림 7.10

Vu, N. A. T., Song, Y. M., Tran, Q. T., Yun, H. Y., Kim, S. K., Chae, J. W., & Kim, J. K. (2023). "Beyond the Michaelis-Menten: accurate prediction of drug interactions through cytochrome P450 3A4 induction." *Clinical Pharmacology & Therapeutics* 113(5): 1048-1057.

수학이 생명의 언어라면

ⓒ김재경, 2024. Printed in Seoul, Korea

초판 1쇄 펴낸날	2024년 9월 5일
초판 6쇄 펴낸날	2024년 11월 15일
지은이	김재경
펴낸이	한성봉
편집	최창문·이종석·오시경·권지연·이동현·김선형
콘텐츠제작	안상준
디자인	최세정
마케팅	박신용·오주형·박민지·이예지
경영지원	국지연·송인경
펴낸곳	도서출판 동아시아
등록	1998년 3월 5일 제1998-000243호
주소	서울시 중구 필동로8길 73 [예장동 1-42] 동아시아빌딩
페이스북	www.facebook.com/dongasiabooks
전자우편	dongasiabook@naver.com
블로그	blog.naver.com/dongasiabook
인스타그램	www.instargram.com/dongasiabook
전화	02) 757-9724, 5
팩스	02) 757-9726
ISBN	978-89-6262-495-3 03410

만든 사람들

책임편집	이종석
디자인	pado
크로스교열	안상준